T0194426

# essentials

*essentials* liefern aktuelles Wissen in konzentrierter Form. Die Essenz dessen, worauf es als „State-of-the-Art" in der gegenwärtigen Fachdiskussion oder in der Praxis ankommt. *essentials* informieren schnell, unkompliziert und verständlich

- als Einführung in ein aktuelles Thema aus Ihrem Fachgebiet
- als Einstieg in ein für Sie noch unbekanntes Themenfeld
- als Einblick, um zum Thema mitreden zu können

Die Bücher in elektronischer und gedruckter Form bringen das Fachwissen von Springerautor*innen kompakt zur Darstellung. Sie sind besonders für die Nutzung als eBook auf Tablet-PCs, eBook-Readern und Smartphones geeignet. *essentials* sind Wissensbausteine aus den Wirtschafts-, Sozial- und Geisteswissenschaften, aus Technik und Naturwissenschaften sowie aus Medizin, Psychologie und Gesundheitsberufen. Von renommierten Autor*innen aller Springer-Verlagsmarken.

Weitere Bände in der Reihe https://link.springer.com/bookseries/13088

Brigitte Polzin · Peter Ringler ·
Herre Weigl

# Wissensmanagement im Bauwesen

## Schnelleinstieg für Architekten und Bauingenieure

Brigitte Polzin
Neuss, Deutschland

Peter Ringler
Essen, Deutschland

Herre Weigl
Neuss, Deutschland

ISSN 2197-6708 ISSN 2197-6716 (electronic)
essentials
ISBN 978-3-658-37331-3 ISBN 978-3-658-37332-0 (eBook)
https://doi.org/10.1007/978-3-658-37332-0

Die Deutsche Nationalbibliothek verzeichnet diese Publikation in der Deutschen Nationalbibliografie; detaillierte bibliografische Daten sind im Internet über http://dnb.d-nb.de abrufbar.



Planung/Lektorat: Karina Danulat
Springer Vieweg ist ein Imprint der eingetragenen Gesellschaft Springer Fachmedien Wiesbaden GmbH und ist ein Teil von Springer Nature.
Die Anschrift der Gesellschaft ist: Abraham-Lincoln-Str. 46, 65189 Wiesbaden, Germany

# Was Sie in diesem *essential* finden können

- Wie Wissensmanagement zum Unternehmenserfolg beiträgt
- Wie Sie Strukturen schaffen, die einen Wissensaustausch fördern
- Praxiserprobte Wissensmanagement-Methoden und Tools
- Grundlegende Informationen zur Implementierung von Wissensmanagement
- Zahlreiche Praxisbeispiele zu Wissensmanagement im Bauwesen

# Inhaltsverzeichnis

# 1 Einleitung

*„Der Begriff Wissensmanagement meint kein Software-Paket. Wissensmanagement beginnt noch nicht einmal mit der Technologie. Es beginnt mit Unternehmenszielen und Arbeitsabläufen und der Erkenntnis über die Notwendigkeit, Informationen auszutauschen.“ (Bill Gates)*

In der heutigen Wissensgesellschaft mit zunehmender Komplexität und Technisierung gewinnt die Ressource Wissen mehr und mehr an Relevanz. Gerade in wissensintensiven Branchen, wie der Baubranche führt ein Wissensvorsprung zu Wettbewerbsvorteilen.

Generell ist jedes Bauwerk ein Unikat, bedingt durch jeweils unterschiedliche Rahmenbedingungen wie z. B. Baugrund, Technik und Design. Wissen und Kompetenzen sind für Bauunternehmen essenziell, denn sie begründen die Fähigkeit, solche Unikate wirtschaftlich zu erstellen, auch wenn sie einzigartig sind. In diesem Kontext ist Wissen ein relevanter Wettbewerbsfaktor. Insbesondere in frühen Projektphasen wie der Angebotsphase gibt es teils sehr unterschiedliche Möglichkeiten, die wesentlichen Kriterien Bauzeit, Kosten und Ressourceneinsatz ab- und einzuschätzen. Daten und Informationen zu bereits abgeschlossenen Bauprojekten bieten hier eine solide Basis, die Chancen und Risiken eines Projekts zu bewerten, Abläufe zu definieren und angemessene Preise zu ermitteln. In der Bauausführung garantieren und steigern Erfahrungswissen, Prozess-Know-how und Fachkenntnisse der Mitarbeitenden die Produktivität und Qualität der Bauleistung und letztlich den wirtschaftlichen Erfolg. Nach Abschluss eines Projekts kann das Projektteam im Rahmen einer Retrospektive das Projekt bewerten



B. Polzin et al., *Wissensmanagement im Bauwesen,* essentials,
https://doi.org/10.1007/978-3-658-37332-0_1

und z. B. aus Lessons Learned Erfahrungswissen für das ganze Unternehmen generieren.

Mit Wissensmanagement wird die Ressource Wissen systematisch erweitert, gespeichert und verfügbar gemacht für eine nachhaltige Verwertung.

Wissensmanagement fördert und fordert den Erfahrungsaustausch aller Mitarbeitenden sowie selbstorganisierte Lernprozesse am Arbeitsplatz und die „Entwicklung einer Unternehmenskultur der Offenheit und der Selbstorganisation“ (Sauter und Scholz 2015, S. 3 f.).

Wissensmanagement unterstützt die Erreichung strategischer und operativer Unternehmensziele, indem das erforderliche Wissen und die notwendigen Kompetenzen im Unternehmen zur Verfügung stehen und genutzt werden können (North 2021, S. 10).

In diesem Essential sind mit spezifischem Bezug zum Bauwesen relevante Aspekte des Wissensmanagements zusammengefasst.

In Kap. 2 werden ausgewählte theoretische Grundlagen des Wissensmanagements vermittelt.

Die Wissenskultur als relevanter Erfolgsfaktor des Wissensmanagements wird in Kap. 3 erörtert.

Wissensmanagement als Führungsaufgabe wird in Kap. 4 thematisiert.

Ausgewählte Methoden und Instrumente des Wissensmanagements werden in Kap. 5 erläutert.

Empfehlungen und Hinweise zur Implementierung von Wissensmanagement finden sich in Kap. 6.

# Grundlagen Wissensmanagement 2

*Grundlegende Wissensbegriffe sowie das TOM-Modell, das praxisbewährte Wissensmanagement-Konzept von Probst, Raub und Romhardt sowie die Einbindung des Wissens in das Qualitätsmanagement werden vermittelt.*

## 2.1 Wissen

„Wissen ist die Gesamtheit der Kenntnisse und Fähigkeiten, die Individuen zur Lösung von Problemen einsetzen. Dies umfasst sowohl theoretische Erkenntnisse als auch praktische Alltagsregeln und Handlungsanweisungen. Wissen stützt sich auf Daten und Informationen, ist im Gegensatz zu diesen jedoch immer an Personen gebunden." (Probst et al. 2012, S. 23). Daten werden durch eine Bedeutungszuordnung zu Informationen. Die Verarbeitung von Informationen durch Menschen führt zur Wissensentwicklung; Wissen ist personenabhängig.

Generell wird zwischen explizitem oder implizitem Wissen differenziert (Völker et al. 2007, S. 63): Explizites Wissen ist bewusstes und reproduzierbares Wissen, wie z. B. Fach- und Prozesswissen. Es ist dokumentiert, z. B. in Textform als Arbeitsanweisung oder virtuell in Datenbanken abrufbar. Mittels Kommunikation kann es weitergegeben werden und steht dem Unternehmen als kollektives Wissen zur Verfügung.

Implizites Wissen ist das individuelle, personenbezogene Wissen, das meist unbewusst ist und oft nur unzureichend artikuliert werden kann. Es handelt sich hierbei um Erfahrungswissen, Handlungswissen und um Könnerschaft, die durch Praxis erworben und eingeübt worden ist oder auf Begabungen beruht. Der schwer fassbare und subjektive Charakter dieses Wissens macht einen Übergang in das explizite, formulierbare Wissen schwierig.



B. Polzin et al., *Wissensmanagement im Bauwesen*, essentials,
https://doi.org/10.1007/978-3-658-37332-0_2

Die individuellen und kollektiven Wissensbestände bilden die organisationale Wissensbasis, die einem Unternehmen für Aufgabenbearbeitung, Problemlösungen und Innovationen zur Verfügung steht. Kollektives Wissen ermöglicht z. B. einen reibungslosen Prozessablauf und wird ergänzt durch die individuelle „Fähigkeit, Daten in Wissen zu transformieren und dieses für das Unternehmen vorteilhaft einzusetzen" (Probst et al. 2012, S. 18). Für Unternehmen aller Branchen ist die organisationale Wissensbasis ein relevantes Erfolgskriterium.

**Beispiel**

In der Ausschreibung für einen Brückenbau sind diverse Randbedingungen beschrieben, u. a. die Herstellung des Überbaus auf einem Lehrgerüst. Die Mitarbeiter einer Baufirma, die das Angebot bearbeiten, haben bereits vergleichbare Brücken gebaut und wissen aus Erfahrung, dass unter den genannten Bedingungen (Daten) eine Herstellung in Teilfertigbauweise mit Trägern und aufgelegten Teilfertigteilplatten wirtschaftlicher ist. Entsprechend legt die Baufirma ein Nebenangebot vor, mit dem sie bei höherer Ergebniserwartung trotzdem noch günstiger anbieten kann als den Amtsentwurf. Dadurch gewinnt die Firma den Auftrag im Wettbewerb.◀

Ein wesentliches Ziel des Wissensmanagements ist es „aus Informationen Wissen zu generieren und dieses Wissen in nachhaltige Wettbewerbsvorteile umzusetzen, die als Geschäftserfolge messbar werden." (North 2021, S. 3). Dabei macht Wissensmanagement „nicht an den Unternehmensgrenzen halt, sondern bezieht Kunden, Lieferanten, Allianzpartner (Wissensallianzen) und weitere externe Know-how-Träger mit ein. Wissensmanagement bedeutet daher zugleich eine Öffnung nach außen und nach innen." (ebd.).

**Beispiel**

In Bauprojekten ist eine gesteuerte Koordination aller Projektdaten ratsam. Bei OPEN BIM Modellen arbeiten alle Projektbeteiligten gemeinsam an einem gespeicherten Modell in einer CDE (common data environment). Jeder bringt dabei sein Spezialwissen ein und teilt es mit den Partnern im Projekt. Im Infrastrukturbereich gibt es erste Pilotprojekte wie die A10/A24 Havellandautobahn, im privat geprägten Hochbaubereich ist das Verfahren schon verbreitet im Einsatz.◀

## 2.2 TOM-Modell des Wissensmanagements

Das TOM-Modell des Wissensmanagements (Bullinger et al. 1998) umfasst die drei Elemente

- Technik: Informations- und Kommunikationstechnologien
- Organisation: Methoden des Wissenserwerbs, -speicherung und -transfer
- Mensch: Gestaltung einer Unternehmenskultur, die einen kontinuierlichen Wissensaustausch fördert.

Technik als das Werkzeug des Wissensmanagements dient der Dokumentation und Bereitstellung von Wissen. Dazu zählen z. B. Datenbanken, Software und Interfaces, als Schnittstelle zwischen „Mensch und Technik" z. B. in Kombination mit Tablets und Smartphones.

Ein funktionierendes Wissensmanagement erfordert geeignete Organisationsstrukturen und -prozesse, sodass es von allen Mitarbeitenden praktiziert werden kann.

Informationen werden erst zu Wissen, wenn sie von Mitarbeitenden genutzt und ausgetauscht werden. Dazu gehört, dass der Wissensaustausch eine Selbstverständlichkeit des Arbeitsalltags ist. Aufgabe des Wissensmanagements ist es, Mitarbeitende zu motivieren und zu befähigen, Wissen aufzubauen, zu nutzen und weiterzugeben.

Eine erfolgreiche Anwendung des Wissensmanagements erfordert eine ausgewogene Berücksichtigung der Elemente des TOM-Modells.

## 2.3 Bausteine des Wissensmanagements

In den letzten 30 Jahren wurden verschiedene Wissensmanagement-Konzepte entwickelt und erprobt (Lehner 2021). Zu den Aufgaben des Wissensmanagements gehören Wissensbeschaffung, Wissensentwicklung, Wissenstransfer, Wissensaneignung, Wissensweiterentwicklung und Wissensabsicherung (North 2021, S. 3 f.). Nach Sauter und Scholz (2015, S. 14) muss sich Wissensmanagement „an den Unternehmenszielen orientieren, indem es die Entwicklung, Verteilung und Nutzung organisational relevanten Erfahrungswissens ermöglicht und dafür eine barrierefreie, nutzerfreundliche Infrastruktur zur Verfügung stellt." Diese Anforderungen werden im Rahmen des Wissensmanagement-Konzepts „Bausteine des Wissensmanagements" nach Probst et al. (1997, 2012) erfüllt.

Der Wissensmanagement-Ansatz „Bausteine des Wissensmanagements", resultiert aus Forschungen zu einer praxisorientierten Strukturierung von Wissensmanagement (Probst et al. 1997, 2012). Er bietet mit seinen acht Bausteinen Ansatzpunkte zur Steuerung und Weiterentwicklung des organisationalen Unternehmenswissens (Abb. 2.1):

**Wissensziele**

Aus unternehmerischen Zielen werden Wissensziele abgeleitet, sodass das notwendige Wissen und erforderliche Kompetenzen zur Verfügung stehen, zur Erreichung der Unternehmensziele. Wissensziele leiten die Aktivitäten des Wissensmanagements, geben Entwicklungsprozessen eine Richtung vor und machen den Erfolg von Wissensmanagement überprüfbar. Analog zu den unternehmerischen Zielen werden normative, strategische und operative Wissensziele unterschieden:

- Normative Wissensziele sind auf die Unternehmenskultur und -politik ausgerichtet und bilden „die Voraussetzungen für wissensorientierte Ziele im strategischen und operativen Bereich" Probst et al. (2012, S. 43). Beispielsweise lässt sich aus dem unternehmerischen Ziel „Ausbau der Innovationskraft" das relevante normative Wissensziel „Schaffung einer wissensorientierten Unternehmenskultur" ableiten.

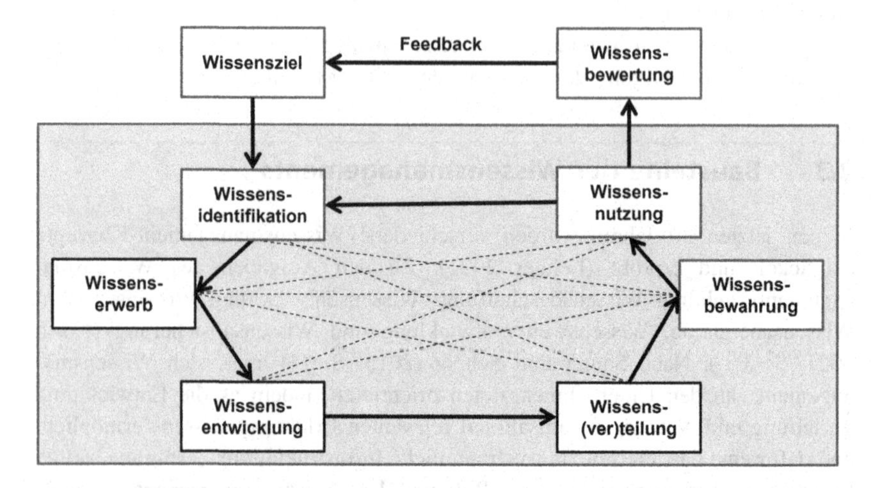


**Abb. 2.1** Bausteine des Wissensmanagements (Probst et al. 2012, S. 34)

- Strategische Wissensziele wie z. B. Programme und Kooperationen beziehen sich auf geplante, zukünftige Kompetenz- und Wissensanforderungen eines Unternehmens und fördern die langfristige Umsetzung der normativen Wissensziele.
- Mit operativen Wissenszielen, wie z. B. Aufbau von Expertendatenbanken und Wissensprojekten werden die Aktivitäten gesteuert, die zur Realisierung der strategischen und normativen Wissensziele erforderlich sind.

Generell ist zu berücksichtigen, dass die Ziele der drei Ebenen kompatibel und widerspruchsfrei zueinander sind.

**Beispiel**

Das normative Unternehmensziel „Wir sind führend im Bereich Verkehrswegebau", wird konkretisiert mit dem spezifisch-strategischen Ziel „Wir bauen weitere regionale Niederlassungen auf, um Strukturen potenzieller Auftraggeber zu spiegeln." Die entsprechenden strategischen Wissensziele sind z. B. Kooperationen und Ausbau von Kernkompetenzen. Das operative unternehmerische Ziel, wie die Festigung und Ausweitung der Marktposition bezogen auf eine besondere Baumethode, wird durch das operative Wissensziel Aufbau von Communities of Practice (Kap. 5) unterstützt.◄

**Wissensidentifikation**

Unternehmen aller Branchen fehlt häufig das Wissen über vorhandene Fähigkeiten, Wissensträger und Netzwerke, was den gezielten Aufbau einer strukturierten, Wissensbasis erschwert. In der Regel fehlen in Unternehmen Prozesse zur Schaffung und Pflege einer unternehmensweiten Wissenstransparenz. Diese ist jedoch erforderlich, um das Wissen in eine Infrastruktur zu integrieren, sodass Mitarbeiter es für ihre Arbeit nutzen können. Im Rahmen der Wissensidentifikation werden Wissensquellen wie Betriebshandbücher, Datenbanken, Dokumente, Projektmitarbeiter mit ihrem jeweiligen Wissensstand analysiert und bezüglich ihrer Relevanz für die Wissensziele bewertet.

„Die Schaffung von Wissenstransparenz verdeutlicht bestehende Wissenslücken und schafft die Voraussetzungen, um über Wissenserwerb oder Wissensentwicklung zu entscheiden." (Probst et al. 2012, S. 91).

**Wissenserwerb**

Identifizierte Wissenslücken können geschlossen werden durch den Erwerb von direkt verwendbarem Wissen, wie z. B. durch Fachberatung und durch die Einstellung von Wissenspotenzialen, wie High Potentials. Zudem kann der Wissenserwerb erfolgen über Berater, Kooperationen, Kunden oder Lieferanten.

„Der Erwerb ‚fremder' Fähigkeiten führt häufig zu Abwehrreaktionen im Unternehmen. Erworbenes Wissen muss möglichst kompatibel zu bereits vorhandenem Wissen sein." (Probst et al. 2012, S. 111).

**Wissensentwicklung**

Wissensentwicklung umfasst den bewussten Auf- und Ausbau von individuellen und Team-Kompetenzen in allen Unternehmensbereichen, in denen erfolgskritisches Wissen eingesetzt wird. Bei der individuellen Wissensentwicklung sind Kreativität und individuelle Problemlösungsfähigkeiten zu fördern. Ein innovationsförderndes Umfeld zeichnet sich aus durch Freiräume und eine angstfreie Fehlerkultur. Erfolgsrelevantes implizites Wissen ist in explizites Wissen zu transformieren, sodass es dem Unternehmen zur Verfügung steht. „Interaktion, Kommunikation sowie Transparenz und Integration bilden die Schlüsselgrößen der kollektiven Wissensentstehung." (Probst et al. 2012, S. 142).

**Wissensverteilung**

Wissensverteilung umfasst die Multiplikation von Wissen, sodass jeder Beschäftigte Zugriff auf jenes vorhandene Wissen erhält, das es für die Aufgabenerfüllung benötigt. Dafür müssen die technischen Voraussetzungen existieren, wie die Möglichkeit des Austauschs über z. B. Groupware, Internet, Intranet, News Groups, Blogs. Zudem erfordert eine aktive Wissensverteilung eine Wissenskultur (Kap. 3), die die Bereitschaft zur Teilung des Wissens fördert. Zunehmend bewähren sich der unternehmensinterne Wissensaustausch in Communities of Practice (CoP) (Kap. 5).

**Wissensnutzung**

Das vorhandene Wissen sollte optimal genutzt werden. Dafür ist es notwendig, Arbeitsbedingungen zu schaffen, die die Wissensnutzung erleichtern. Barrieren sind abzubauen, z. B. durch Schulungen, die in die Nutzung der technischen Wissensbasis einweisen oder ausreichende Genehmigungen bezogen auf den Datenzugriff. Nach Probst et al. (2012, S. 194), wird durch Wissensnutzung das Wissen in konkrete Resultate umgewandelt.

**Wissensbewahrung**

Der Baustein Wissensbewahrung sichert mittels eines systematischen Vorgehens relevantes Unternehmenswissen Der Prozess Wissensbewahrung umfasst die Phasen Selektion, Speicherung und Aktualisierung. Dabei handelt es sich um einen dynamischen Prozess (North 2016, S. 35), der sicherstellt, dass erfolgskritisches Wissen dokumentiert, aktualisiert und erweitert wird, sodass es bei Bedarf zur Verfügung steht.

**Wissensbewertung**

Ausgehend von definierten Wissenszielen und deren Erreichung wird die Effizienz des Wissensmanagements eingeschätzt. Dabei wird überprüft, inwieweit Wissensziele angemessen formuliert und Wissensmanagement-Maßnahmen erfolgreich durchgeführt werden. Die Ergebnisse der Wissensbewertung werden wiederum bei einer erneuten Formulierung der Wissensziele berücksichtigt.

„Wissensbewertung sollte als Grundlage eines „Wissenscontrolling" dienen, mit dessen Hilfe sich die vielfältigen Aktivitäten des Unternehmens auf seine wissensbezogene Vision und Strategie ausrichten lassen." (Probst et al. 2012, S. 240).

Der Wissensmanagement-Ansatz nach Probst et al. ist aufgrund seiner Struktur plausibel, wird in vielen Unternehmen praktisch angewendet (Sauter und Scholz 2015, 12) und ist nach Einschätzung des Autorenteams auch für die Baubranche geeignet.

## 2.4 Wissensmanagement nach der Qualitätsmanagement-Norm ISO 9001:2015

Wissen ist in der Baubranche genauso wichtig wie die Verfügbarkeit von Maschinen, Anlagen und Geräten. Entsprechend ist die Kenntnis um das vorhandene Know-how (als Ist-Zustand) und das erforderliche Wissen (als Soll-Zustand) eine notwendige Voraussetzung für unternehmerischen Erfolg. Dennoch wird Wissen in vielen Unternehmen, so auch in der Baubranche, als etwas Selbstverständliches angesehen und erfährt oft eine eher geringere Wertschätzung.

Doch durch die Berücksichtigung des Wissens in der Qualitätsmanagement-Norm ISO 9000:2015, die sich auf die Grundsätze und Begriffe von Qualitätsmanagementsystemen bezieht, wird die Bedeutung der Ressource Wissen in der Praxis hervorgehoben.

„Der Kontext, in dem eine Organisation heutzutage arbeitet, ist von beschleunigtem Wandel, der Globalisierung der Märkte und dem Hervortreten des Wissens als wichtigster Ressource gekennzeichnet.“ (DIN EN ISO 9000:2015, S. 9).

Die DIN EN ISO 9001:2015 ist ein Managementsystem, das Unternehmen so ausrichtet, dass sie durch die Definition von Geschäftsprozessen in der Lage sind, eine gleichbleibende Leistung zu erbringen und dass sie sich mit ihren Dienstleistungen und Produkten an den Kundenbedürfnissen orientieren. Die Zertifizierung nach DIN EN ISO 9001:2015 ist im Bauwesen inzwischen häufig Voraussetzung für die Teilnahme an öffentlichen Angebotsverfahren. Neben der zunehmenden Relevanz als zentraler Wettbewerbsfaktor wird die Ressource Wissen erstmalig in der DIN EN ISO 9001:2015 in dem neu eingeführten Abschn. 7.1.6 „Wissen in Organisationen“ explizit berücksichtigt. In der DIN EN ISO 9001:2015 sind im Abschn. 7.1.6 „Wissen in Organisationen“ folgende Anforderungen an den Umgang mit Wissen zusammengefasst:

- Unternehmen müssen das Wissen bestimmen, welches erforderlich ist, um „ihre Prozesse durchzuführen und um die Konformität von Produkten und Dienstleistungen zu erreichen.“ (ISO 9001:2015, S. 28)
- „Dieses Wissen muss aufrechterhalten und in erforderlichen Umfang zur Verfügung gestellt werden.“ (ebd.)
- Unter Berücksichtigung von Entwicklungen und sich ändernden Anforderungen muss das Unternehmen sein aktuelles Wissen überprüfen und festlegen, auf welche Art und Weise notwendiges Zusatzwissen und erforderliche Aktualisierungen erlangt werden und wie darauf zugegriffen werden kann. (ebd.).

Ein Vergleich der Anforderungen der ISO 9001:2015 bezogen auf den Umgang mit Wissen mit den Bausteinen des Wissensmanagements nach Probst (siehe Abb. 2.1), verdeutlicht, dass die Anforderungen der ISO 9001:2015 weitgehend mit den Wissensbausteinen nach Probst übereinstimmen (Schachner 2015, S. 127). North et al. (2016, S. 10 f.) bringen die Anforderungen zum Umgang mit Wissen der DIN EN ISO 9001:2015 in die Reihenfolge eines Wissenskreislaufs (Abb. 2.2). Die Darstellung als Wissenskreislauf verdeutlicht den Umgang mit Wissen und dass es sich dabei um einen kontinuierlichen Prozess handelt.

**Benötigtes Wissen bestimmen**

Aus unternehmerischen, normativen, strategischen, operativen Zielen werden Wissensziele abgeleitet. Was muss das Unternehmen wissen und können, um die Wettbewerbsfähigkeit zu stärken und weiter zu entwickeln?

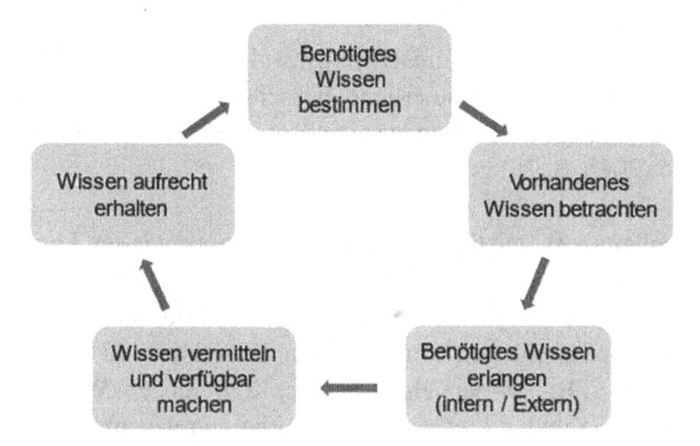


**Abb. 2.2** Wissenskreislauf in Anlehnung an North et al. (2016, S. 11)

**Beispiel**

Aktuelles Beispiel ist Wissen zur Anwendung der BIM-Methodik. Im Hochbau schon gängige Praxis findet BIM auch in komplexen Ingenieurbauprojekten zunehmend Anwendung. In Großbritannien ist eine Zertifizierung nach der dortigen BIM-Norm PAS1192 Voraussetzung für die Teilnahme an öffentlichen Angebotsverfahren. Auch in Deutschland fordern inzwischen große Auftraggeber wie die Deutsche Bahn und die DEGES teilweise die Nutzung von BIM in der Planung.◄

**Vorhandenes Wissen betrachten**

Im Rahmen eines Soll-Ist-Vergleichs von Wissenszielen mit organisationalem „Wissensbestand“ wird ein Wissensbedarf ermittelt. Dazu werden z. B. Qualifikationen und Kompetenzen der Mitarbeitenden sowie prozessrelevante Informationen zunächst firmenintern dokumentiert.

**Beispiel**

Anwendungsfall ist die Pflege der Lebensläufe der Mitarbeiter. Werden in Ausschreibungen spezielle Referenzen des Personals verlangt, z. B. zwei Projekte im Bereich Gleisbau mit einem Volumen größer 5 Mio. €, können die entsprechende Nachweise erbracht werden.◄

**Benötigtes Wissen erlangen**

Angesichts der zunehmend dynamischen Umwelt benötigen Unternehmen eine Wissensstrategie, die eine kontinuierliche Wissenserweiterung unterstützt. Dabei werden interne und externe Quellen systematisch genutzt und ausgewertet. In der ISO 9001:2015 (2015, S. 28) gehören zu.

- internen Quellen: z. B. geistiges Eigentum, Erfahrungswissen, Lernerfahrungen aus Projekten sowie aus Fehlern, Dokumentation und Transfer von personengebundenem und nicht-dokumentiertem Wissen und Erfahrungen, Evaluationsergebnisse nach Optimierungen von Prozessen, Produkten und Dienstleistungen
- externe Quellen: z. B. Normen, Hochschulen, Konferenzen, Wissenserwerb von Stakeholdern wie Kunden Lieferanten und weiteren relevanten Partnern.

**Beispiel**

Zu abgeschlossenen Projekten wird jeweils ein Projektabschlussbericht einschließlich einer Nachkalkulation erstellt und allgemein zugänglich abgelegt, so dass internes Wissen für vergleichbare zukünftige Projekte verfügbar ist.

Extern wird aktuelles Wissen z. B. durch die Teilnahme an Kongressen wie der STUVA und dem Deutschen Beton- und Bautechniktag gepflegt.◄

**Wissen vermitteln und verfügbar machen**

Die Vermittlung von Wissen ist ein kommunikativer Prozess, der durch die Art der Unternehmenskultur stark beeinflusst wird. In einer wissensorientierten Unternehmenskultur ist der Austausch von Wissen selbstverständlich und gehört zum Tagesgeschäft. Durch organisatorische Strukturen, wie z. B. die Institutionalisierung von Communities of Practice fördert das Unternehmen den Wissensaustausch und Wissenstransfer.

Systematische On- und Offboarding-Prozesse stellen bei neuen Mitarbeitenden eine fundierte Einführung sicher und bei Mitarbeitenden, die das Unternehmen verlassen, einen umfassenden Wissenstransfer, sodass relevantes Wissen dem Unternehmen erhalten bleibt.

Für die Verfügbarkeit von Wissen stellt das Unternehmen Informationssysteme wie Datenbasen, Intranet, Wikis, Social Software etc. bereit und unterstützt eine nutzerfreundliche Handhabung der Systeme.

**Beispiel**

Als Anwendungsbeispiel seien die im Intranet von Baufirmen per Abonnement zur Verfügung gestellten Normen und Richtlinien genannt.◄

**Wissen aufrechterhalten**

Die ISO 9001:2015 fordert, dass das vorhandene organisationale Wissen aufrecht erhalten bleibt. Die Erfüllung dieser Anforderung erfolgt im Rahmen einer Wissensstrategie, die eine kontinuierliche Überprüfung, Aktualisierung und Erweiterung des Wissensbestands regelt.

**Beispiel**

Umgesetzt wird die Aufrechterhaltung des Wissens beispielsweise durch Inhouse-Seminare zu vertragsrechtlichen Entwicklungen, bei denen externe Experten über neue Entwicklungen und Änderungen einmal im Quartal informieren.◄

Die Erfüllung der Anforderungen an ein Wissensmanagement nach ISO 9001:2015 wird maßgeblich durch eine Wissenskultur unterstützt, in der Wissensaustausch und -erweiterung selbstverständlich zum Arbeitsalltag gehören.

# Wissenskultur als Erfolgsfaktor für das Wissensmanagement 3

*Die Wissenskultur eines Unternehmens prägt den Umgang von Führungskräften und Mitarbeitern mit der Ressource Wissen. Fach- und Erfahrungswissen sind wettbewerbsrelevante Faktoren, die zu Zeit-, Kosten- und Qualitätsoptimierungen beitragen. Eine aktive Wissenskultur fördert einen regen Wissensaustausch zwischen den Stakeholdern, sodass das Wissensmanagement sein volles Potenzial entfalten kann.*

Unternehmenskultur ist die Gesamtheit von Werten, Normen und Denkhaltungen, die das Verhalten der Beschäftigten (Führungskräfte und Mitarbeiter) und darüber das Erscheinungsbild eines Unternehmens prägen (Kobi und Wüthrich 1986, S. 34).

Unternehmenskultur wird von den Beschäftigten durch ihr Handeln erschaffen und geprägt, dabei führt ihr Handeln zu Ergebnissen wie Unternehmensstrukturen, Prinzipien, Prozessen, Produkten, die wiederum durch ihre Existenz das Verhalten der Unternehmensmitglieder beeinflussen (Sackmann 2017, S. 42). Und auch in der Wissenskultur, als ein spezifischer Teil der Unternehmenskultur, spiegelt sich diese gegenseitige Beeinflussung wider.

„Wissen ist Macht!" – Gerade in Bauunternehmen kann eine solche Einstellung verhängnisvolle Auswirkungen haben, da nur der Austausch von Wissen, z. B. zwischen Arbeitsvorbereitung und Kalkulation auf der einen und Bauausführung auf der anderen Seite möglichst alle Aspekte möglichst einbezieht. Vorgetäuschtes Wissen kann zu Fehlentscheidungen führen. Im Extremfall kann es dazu kommen, dass Führungskräfte und Mitarbeitende versuchen, durch Zurückhalten von Wissen sich – aus Ihrer subjektiven Perspektive betrachtet – durch diesen „Vorteil" unverzichtbar zu machen oder durch das stückchenweise



B. Polzin et al., *Wissensmanagement im Bauwesen*, essentials,
https://doi.org/10.1007/978-3-658-37332-0_3

Herausgeben von Informationen wiederholt Ihre Wichtigkeit zu demonstrieren. Im Endeffekt schaden solche Verhaltensweisen dem Fortschritt und dem wirtschaftlichen Ergebnis des Projektes. Denn Intransparenz durch unterlassenen Wissensaustausch kann zur Verschwendung von Kosten und Zeit sowie Konflikten führen.

**Beispiel**

Für ein Bauprojekt stehen der Angebotsleiter eines Bauunternehmens und der Auftraggeber in Verhandlung. Bevor die Verhandlungsergebnisse vollständig abgeschlossen und dokumentiert sind, muss aufgrund zeitlicher Zwänge mit den Bauarbeiten und deren Vorbereitung begonnen werden. Dabei arbeitet die Bauausführung auf Basis der Ausschreibungsunterlagen, weil dies die letzte schriftlich vorliegende Version ist und ruft gemäß der Unterlagen Geräte und Material ab. Es stellt sich heraus, dass die Geräte viel zu früh geliefert werden, da Informationen, die der Auftraggeber in den Verhandlungsrunden mitteilt, nicht an die Bauausführung weitergeleitet werden, wie z. B. dass sich Termine verschieben, da der Auftraggeber noch Leitungsfreiheit herstellen muss.

In einer Besprechung macht der Angebotsleiter, der die Information der Terminverschiebung zurückgehalten hat, die Bauleitung für die zu frühe Anmietung der Großmaschinen verantwortlich. Er nutzt den Vorfall, um auf seine weitere Einbindung in das Projekt zu bestehen, wobei er die Kompetenz der Bauleitung, auch nach außen, durch pauschales infrage stellen, untergräbt. Der Angebotsleiter nimmt dabei in Kauf, dass er durch sein Verhalten den Projekterfolg und das Ansehen der Firma als Auftragnehmer gefährdet.◄

Die Maxime „Wissen ist Macht" kann Offenheit, eine vertrauensvolle Zusammenarbeit und ein wirksames Wissensmanagement verhindern (Below v. 2001, S. 68).

Die Wissenskultur prägt den Umgang eines Unternehmens mit der Ressource Wissen. Sie bestimmt, ob Wissensmanagement erfolgreich umgesetzt wird und inwiefern z. B. ein systematischer Wissenstransfer durchgeführt wird, wie bei einem Stellenwechsel oder Ausstieg aus dem Erwerbsleben bei Eintritt ins Rentenalter.

Wissenskultur, als ein Aspekt der Unternehmenskultur, umfasst jene „kollektiven Einstellungen, Befähigungen und Verhaltensweisen, mit denen Wissen identifiziert, erworben, entwickelt, verteilt, genutzt und bewahrt wird". (Bohinc 2003, S. 374).

Grafik Wissenskultur

**Abb. 3.1** Dimensionen der Unternehmenskultur nach Schein (1995) als Eisberg. (Eigene Darstellung)

In einer Wissenskultur, die das Wissensmanagement fördert, wird Wissen als wichtig bewertet und ist zugänglich, wird gerne und hierarchieübergreifend geteilt und das Unternehmen fördert die Generierung, den Austausch und das Nutzen von Wissen (Herbst und Landenberger 2003, S. 289).

In Analogie zur Unternehmenskultur umfasst auch die Wissenskultur die Dimensionen Artefakte, Verhalten, Werte und Grundlegende Annahmen (Abb. 3.1):

## 3.1 Dimension Artefakte

Zu den Artefakten einer Wissenskultur gehören z. B. Architektur, Technologien, Strukturen, Prozesse und erkennbare Verhaltensmuster.

**Architektur**
Eine Arbeitsplatzgestaltung, die eine Wissenskultur positiv beeinflusst, berücksichtigt Kommunikationszonen als Ort für informelle Kommunikation, die auf Wissensaustausch und Kreativität förderlich wirken. Dazu gehören die Schaffung flexibler Arbeits- und Besprechungsräume, mobile Arbeitsplätze oder die Einrichtung von Wasserspendern/Kaffeeautomaten als Kommunikationszonen. Die o. g.

Arbeitsplatzgestaltung lässt sich für den Innendienst eines Bauunternehmens relativ einfach umsetzen. Auf temporär eingerichteten Baustellen mit begrenzten und meist eher beengten Platzverhältnissen findet der Wissensaustausch eher konzentriert in der morgendlichen Arbeitsbesprechung der Bauleitung mit den Teammitgliedern statt.

**Technologien**
Zu den wissensspezifischen Technologien zählen z. B. Wissensdatenbanken, Online-Bibliotheken sowie die notwendigen technischen Hilfsmittel, insbesondere Hardware zur Erfassung und Abfrage von Wissen. Die Technologien sollten auch mit mobiler Hardware wie Tablets und Smartphones nutzbar sein, sodass ein Informations- und Wissensaustausch auch der Bauausführung von den Baustellen aus möglich ist.

**Strukturen**
Zu den Strukturen, die eine Wissenskultur unterstützen, gehören Teamarbeit zur Förderung von Wissensaustausch, flache Hierarchien sowie formale Unternehmensvereinbarungen, die den Umgang mit Wissen regeln. Auch bei formaler Hierarchie kann eine laterale Führung und kollegiale Zusammenarbeit (Kap. 4) Strukturen schaffen, die einen Wissensaustauch und Wissenstransfer fördern, z. B. im Rahmen von regelmäßigen Retrospektiven zum Erfahrungsaustausch („Lessons learned").

**Prozesse**
Die Dokumentation, Beschreibung und Transparenz von Geschäftsprozessen stärkt als prozessorientiertes Wissensmanagement maßgeblich die Wissenskultur eines Unternehmens.

**Beispiel**

Ein junger Bauingenieur, der zurzeit kein Projekt hat, soll ein Angebot bearbeiten. Da er diese Aufgabe zum ersten Mal durchführt, fehlen ihm entsprechende Kenntnisse. Im QM-Handbuch ist der Prozess definiert und der Bearbeiter hat zumindest einen Leitfaden, wie er vorgehend kann.◄

## 3.2 Dimension Verhalten

Erkennbare Verhaltensmuster basieren auf Werten und Normen und beeinflussen z. B. Umgangsformen bei Wissenserfragung und Wissensweitergabe. Verhaltensweisen, die eine konstruktive Wissenskultur fördern, sind z. B.:

**Vertrauen**

Vertrauen, als eine Verhaltensweise, die auf Gegenseitigkeit und gemeinsame Erfahrungen basiert (tit for tat) gilt als einer der wichtigsten Erfolgsfaktoren eines erfolgreichen Wissensmanagements (vgl. Nonaka und Takeuchi 1997, S. 85). „Without trust, knowledge initiatives will fail, regardless of how thoroughly they are supported by technology and rhetoric and even if the survival of the organisation depends on effective knowledge transfer“ (Davenport und Prusak 1998, S. 34). Für eine Wissensteilung ist Vertrauen unabdingbar; denn nur wenn die Zuversicht besteht, dass geteiltes Wissen nicht missbraucht wird und es zu einer Art von Tauschhandel kommt, besteht eine Bereitschaft zur Wissensweitergabe. Der Aufbau von Vertrauen erfolgt über persönliche Kontakte und gemeinsame Erfahrungen. Das Unternehmen kann den Prozess der Vertrauensbildung unterstützen, beginnend mit der Personalauswahl, die Zusammensetzung der Teams, durch die Förderung von Begegnungen und gemeinsamen Erfahrungen sei es in Besprechungen, Workshops, Team- und Projektarbeit oder Mitarbeiterveranstaltungen. Innenarchitektonisch hat sich mittlerweile die Einrichtung offen gestalteter Kommunikationszonen wie z. B. an Wasserspendern, Kaffeemaschinen u. Ä. durchgesetzt.

**Zusammenarbeit**

Zusammenarbeit fördert den Austausch von Erfahrungen und Wissen sowie die gemeinsame Erarbeitung von Innovationen und Lösungen. Bauunternehmen können die Zusammenarbeit der Mitarbeitenden und somit die Weiterentwicklung und Generierung von Wissen unterstützen durch die Einführung einer interdisziplinären Teamarbeit.

**Beispiel**

Ingenieure aus den Bereichen Maschinenpark und Bauausführung arbeiten temporär im Team mit Kalkulatoren und Arbeitsvorbereitung zusammen, um bei Projekten bereits in frühen Projektphasen wie Kalkulation und Projektentwicklung durch eine möglichst umfassende Nutzung des im Unternehmen verfügbaren Wissens optimale Ergebnisse zu erzielen.◀

**Autonomie**

Autonomie wird hier verstanden als die Möglichkeit und Bereitschaft aller Beschäftigten Verantwortung für ihr Handeln zu übernehmen. Das ist ein relevantes Kriterium für Wissensarbeit und effektives Wissensmanagement. Führungskräfte und Mitarbeitende, die für ihre Aufgabe ergebnisverantwortlich sind, versuchen das optimale Wissen zur Aufgabenerfüllung zu verwenden. Dieses Streben fördert einen Wissensaustausch und ein proaktiv funktionierendes Wissensmanagement.

**Beispiel**

In der Angebotsbearbeitung wird ein Vorgang eines Gleisbauprojektes unter voller Ausnutzung einer Sperrpause geplant. Das Projekt wird beauftragt und nun wird klar, dass bei der Terminplanung Drittgewerke wie die Fachdienste und die Oberleitung in der unveränderlichen Sperrpause zeitlich nicht berücksichtigt sind. Der Terminplaner stimmt die Arbeiten mit den Dritten ab und ermittelt daraus die notwendigen Optimierungen und Verstärkungen, um den Zeitplan einhalten zu können.◄

**Wissenserweiterung durch individuelle Lernbereitschaft**

Die unternehmerische Wissensbasis umfasst die Gesamtheit des im Unternehmen vorhandenen individuellen und kollektiven Wissens. (Probst et al. 2012, S. 23 f.). Eine Erweiterung der unternehmerischen Wissensbasis ist nur möglich, wenn eine individuelle Lernbereitschaft bei den Führungskräften und Mitarbeitenden besteht. Zur Unterstützung der individuellen Lernbereitschaft gehören Rahmenbedingungen, die ein aktives und eigenständiges Lernen fördern. Dazu gehören neben dem Schaffen der (technischen) Voraussetzungen, z. B. für E-Learning, auch die Bereitstellung von Zeitanteilen für Lernen und Generierung neuen Wissens sowie eine offensichtliche Wertschätzung der individuellen Lernbereitschaft (Jaworski und Zurlino 2009, S. 127).

**Fehlertoleranz**

„Wo gehobelt wird, fallen Späne" – und wo gearbeitet und ausprobiert wird, werden auch Fehler gemacht. Insbesondere im Bauwesen, wo jedes Bauwerk ein Unikat ist, müssen in extremen Situationen Methoden neu entwickelt oder den Umständen angepasst werden. Ein Unternehmen, dass Fehler als Teil eines Lernprozesses akzeptiert, bestärkt seine Mitarbeitenden, nach neuen Möglichkeiten und Lösungen zu suchen (Herbst 2000, S. 33 f.), da sie angstfrei lernen und Neues ausprobieren können. Das fördert die Kreativität im Unternehmen und die Bereitschaft der Beschäftigten Ideen vorzubringen. Die gewonnene Erfahrung wird kommuniziert und geht in die unternehmerische Wissensbasis ein. Dabei ist die spezifische Fehlertoleranz im Bauwesen zu beachten: Lernen durch Fehler ist möglich, wenn.

- gemäß des Lean Management-Prinzips Jidoka sichergestellt ist, dass ein bereits eingetretener Fehler nicht an den nächsten Prozess weitergegeben wird (Bertagnolli 2018, S. 125; Polzin und Weigl 2021, S. 18).
- in der Bauausführung die Arbeitssicherheit und Qualität garantiert bleibt.

**Beispiel**

Im Innendienst kann ein Jungbauleiter aus seinen Fehlern lernen, da seine Arbeitsergebnisse im Rahmen einer Qualitätssicherung durch einen erfahrenen Ingenieur überprüft und dabei Fehler eliminiert werden. Hingegen herrscht auf der Baustelle bei bestimmtem Arbeiten eine Null-Fehler-Toleranz aus Sicherheits- und Qualitätsgründen.◄

## 3.3 Dimension Werte

Bei den bekundeten Werten zeigen sich Aspekte der Wissenskultur z. B. in Philosophie, Strategien, und Zielen. Nachfolgend wird kurz beschrieben, wie diese abstrakten Themen umgesetzt werden können.

**Strategien**

Strategien, die eine Wissenskultur explizit berücksichtigen finden sich im Lean Management, im Bauwesen auch als Lean Construction bezeichnet, mit einer Personalentwicklung, die „Mitarbeiter zu kreativen Denkern entwickelt, die mit effektiven und kostengünstigen Lösungen den Produktwertstrom kontinuierlich verbessern“ (Liker und Meier 2007, S. 249 f.). Führungskräfte und Mitarbeiter erfahren eine betriebliche Sozialisation, die sie veranlasst, sich selbst und ihre Arbeit kontinuierlich zu verbessern und auf Basis gemeinsamer Werte im Team zu arbeiten (vgl. Liker und Hoseus 2016, S. 85). Die Strategien der Personal- und Organisationsentwicklung umfassen auch die Weiterentwicklung der unternehmensinternen Wissensmanagementstrategie, der strategischen Wissenstechnik und Strategien zur Generierung neuen Wissens.

**Ziele**

Unternehmerische Ziele mit Bezug zur Wissenskultur sind z. B. die Förderung interner Kommunikations- und Informationsstrukturen sowie der Unterstützung von Lern- und Innovationsprozessen zur Generierung neuen Wissens.

**Beispiel**

Beispiele für die Generierung neuen Wissens im Bauwesen finden sich unter: https://www.bauma-innovationspreis.de/preistraeger.html.◄

**Philosophie**

Wissenskultur und Wissensmanagement sind in der Philosophie verankert, wenn sie z. B. im Leitbild oder Vision und Mission explizit erwähnt sind. Beispielhaft ist hier das Unternehmen Toyota, das Unternehmenskultur und -philosophie im Rahmen von 14 Prinzipien manifestiert und operationalisiert hat (Liker 2009, S. 69 ff.).

## 3.4 Dimension Grundlegende Annahmen

Unbewusste und selbstverständliche Annahmen über das Menschenbild und die Umwelt bilden die Ausgangsbasis für Werte und Handlungen. Solche Grundannahmen mit einem Bezug zur Wissenskultur sind z. B.

- Wissen ist wichtig.
- Generell hat jeder Mensch ein Anrecht auf Wissen.
- Das Teilen von Wissen und seine Weitergabe sind selbstverständlich.
- Respekt vor dem Menschen und kontinuierliche Verbesserung. (Liker 2009, S. 10).

Die Wissenskultur beeinflusst mit ihren Grundannahmen, Werten und Artefakten das Verhalten der Mitarbeitenden im Umgang mit Wissen und wird auch als „unsichtbares Steuerungselement im Umgang mit Wissen“ bezeichnet (Bohinc 2003, S. 374). Je nach Art ihrer Ausprägung kann sie mehr oder weniger eine Atmosphäre fördern, in der Beschäftigte ihr Wissen teilen und zur Weiterentwicklung der unternehmerischen Wissensbasis einbringen. Je mehr Beschäftigte die Wissenskultur als handlungsleitend annehmen, desto breiter ist sie in einem Unternehmen verankert.

Eine Wissenskultur, die die Entwicklung und den Austausch von Wissen fördert, ist ein entscheidender Erfolgsfaktor für ein erfolgreiches Wissensmanagement. Erfahrungen zeigen, dass für eine nachhaltige Nutzung der Ressource Wissen mehr erforderlich ist, als die Schaffung organisatorischer und technologischer Rahmenbedingungen; denn der Mensch ist als Wissensträger ein zentraler Treiber des Wissensmanagements (Gretsch 2015, S. 27).

Durch die Förderung des Wissensaustauschs zwischen den Stakeholdern kann Wissensmanagement proaktiv umgesetzt werden und trägt zum Erfolg des Unternehmens bei. Denn der Unternehmenserfolg ist auf das Wissen in den Köpfen der Beschäftigten angewiesen. Dazu muss das Wissensmanagement als Führungsaufgabe verstanden und umgesetzt werden.

# 4 Führungsaufgabe Wissensmanagement

*Wissensmanagement als Führungsaufgabe setzt ein zeitgemäßes Führungsverständnis voraus, das auf eine partnerschaftliche, transparente Zusammenarbeit ausgerichtet ist. Das erfordert persönliche und soziale Kompetenzen sowie ein reflektiertes Führungsverhalten für eine situativ angemessene Mitarbeiterführung. Wissensorientierte Führung gelingt mit einer Handlungskompetenz, die die Lean-Philosophie mit einer werte- und zielorientierten Führung (Transformationale Führung) sowie der Situativen Führung verknüpft.*

Wissensorientierte Führungskräfte nehmen bezogen auf Wissensteilung und Zusammenarbeit eine Vorbildfunktion ein. Zu den wesentlichen wissensorientierten Führungsaufgaben gehören die Schaffung und Weiterentwicklung einer Wissenskultur sowie die Mitarbeiter für das Wissensmanagement zu sensibilisieren und ihre intrinsische Motivation mit den Zielen des Wissensmanagements in Einklang zu bringen (North 2021, S. 124). Wissensorientierte Führungskräfte agieren als Coach und Trainer bei fachlichen und sozialen Fragen und schaffen eine Arbeitsatmosphäre, in der Wissen durch Lernen erweitert und gerne geteilt wird.



B. Polzin et al., *Wissensmanagement im Bauwesen*, essentials,
https://doi.org/10.1007/978-3-658-37332-0_4

## 4.1 Kompetenzen einer wissensorientierten Führungskraft

Für eine „wissensorientierte Unternehmensführung“ (North 2021, S. 3), mit einem gelebten Wissensmanagement, sollten bei der Auswahl von Führungskräften die sozialen und persönlichen Kompetenzen besonders berücksichtigt werden. Zu den Verhaltensweisen, die ein aktives Wissensmanagement in die Arbeitssituation einbinden und fördern, gehören (Jochum 1999, S. 433 f.):

- Kooperatives Verhalten
  Die Führungskraft unterstützt bei Bedarf Teammitglieder, zeigt Wertschätzung für ihre Leistung, Ziele werden vereinbart sowie gemeinsam angestrebt.
- Informatives Verhalten
  Informationen und Wissen werden geteilt, man hört sich gegenseitig zu.
- Integratives Verhalten
  Die Führungskraft kann sich in das Team einordnen, fördert aktiv das Gruppenklima und geht auf die Teammitglieder individuell ein.
- Aufgabenbezogene Aufgeschlossenheit
  Es besteht die Fähigkeit und Bereitschaft, sich mit anderen Meinungen auseinanderzusetzen.
- Selbstkontrolle
  Die Führungskraft zeigt ein situativ angemessenes Verhalten, ist fähig zur Selbstkritik und zur Annahme von Kritik.
- Arbeitsantrieb
  Sie zeigt Engagement mit motivierender Wirkung auf Teammitglieder.
- Durchsetzungsvermögen
  Die Führungskraft kann sich durchsetzen mittels einer überzeugenden Darstellung des eigenen Standpunktes und eigener Ideen sowie ihrer authentischen Autorität.

**Beispiel**

„Ein Weltklasseteam vereinigt gute Teamarbeit mit dem Können der einzelnen Spieler.“ (Ohno 2013, S. 42). Entsprechend werden Bauleiter und Poliere die Fähigkeiten des einzelnen Mitarbeiters mit denen des Teams bzw. der Kolonne synergieerzeugend verbinden. Sie agieren als Coach und Trainer bei der Verbesserung der Zusammenarbeit im Team bzw. in der Kolonne.◄

Ein Führungsverhalten mit Befehl und Kontrolle sowie der Maxime „Wissen ist Macht“ ist nicht nur kontraproduktiv für ein aktives und gelebtes Wissensmanagement, sondern auch für den Projekterfolg.

## 4.2 Führungsansätze für eine wissensorientierte Führung

Lean Management mit seiner wissensorientierten Ausrichtung gewinnt im Bauwesen zunehmend an Bedeutung, doch bei Vernachlässigung der menschlichen und sozialen Aspekte werden nur marginal die Potenziale die Lean Managements genutzt (Stotko 2013, S. 11).

Der Ansatz des Lean Management mit einer Kultur, die u. a. auf kontinuierliche Verbesserung sowie den Respekt gegenüber anderen ausgerichtet ist (Liker und Hoseus 2016, S. 44), ist kompatibel zur Transformationalen Führung.

Forschungen zum Thema Führungserfolg zeigen, dass Mitarbeiter, die transformational geführt werden, ein stärkeres Vertrauen zu und eine höhere Zufriedenheit mit ihrer Führungskraft haben als Mitarbeiter, die mit traditionellen Anreizsystemen geführt werden.

Zudem sind transformational geführte Mitarbeiter kreativer, zeigen eine höhere Arbeitsmotivation, Leistungsbereitschaft und Teamleistung (vgl. Pelz 2016, S. 97).

Nachfolgend werden die Dimensionen der Transformationale Führung und ihre möglichen Effekte auf das Wissensmanagement kurz beschrieben (Tab. 4.1).

Entsprechend der oben dargestellten Ableitungen beeinflusst die Transformationale Führung als eine werte- und zielorientierte Führung positiv die Einführung und Weiterentwicklung von Wissenskultur und Wissensmanagement.

Die Transformationale Führung ermöglicht über ihre Dimension „Individuelle Förderung“ die Einbindung der Situativen Führung, die die Unterschiedlichkeit von Mitarbeitern berücksichtigt. Bei der Situativen Führung wird der Mitarbeiter entsprechend seinem Entwicklungsstand und der jeweiligen Situation spezifisch geführt, sodass er seine Potenziale optimal für das Unternehmen einsetzen kann (Apello 2011, S. 127 f.; Wunderer 2011, S. 211 ff.). Nach dem „Reifegrad“ von Hersey und Blanchard bestimmt die Kombination der Faktoren Kompetenz und Engagement den Entwicklungsstand eines Mitarbeiters (Abb. 4.1)

Die verschiedenen Entwicklungsstufen beziehen sich immer auf konkrete Aufgaben: In einem Team steht z. B. ein Architekt aufgrund seiner hohen Motivation

**Tab. 4.1** Positive Effekte der Transformationalen Führung auf das Wissensmanagement

| Dimensionen Transformationale Führung | Effekte auf das Wissensmanagement |
|---|---|
| Individuelle Förderung<br>Mitarbeiter werden individuell wahrgenommen, unterstützt, gefördert und die Führungskraft hilft ihnen, sich weiterzuentwickeln | Mitarbeiter arbeiten angstfrei in einem wissensorientierten Umfeld, in dem Fehler als Lernchance gelten. Kreativität und Lernbereitschaft werden gefördert |
| Intellektuelle Anregung<br>Mitarbeiter werden zu selbstständigen, kreativen Problemlösungen angeregt. Die Führungskraft hilft den Mitarbeitern neue Einsichten zu gewinnen, sodass sie Probleme in einem anderen Licht sehen können | Lerneffekte treten ein, neues Wissen wird ggf. Generiert |
| Inspirierende Motivation<br>Mit Hinweis auf die Unternehmensvision und -mission motiviert die Führungskraft durch anspruchsvolle Ziele und vermittelt den tieferen Sinn von Aufgaben, wie z. B. Nutzung von Wissensdatenbanken | Die Förderung der intrinsischen Motivation führt zur aktiven Nutzung des Wissensmanagement |
| Vorbildfunktion<br>Die Führungskraft übernimmt eine Vorbildfunktion für die Mitarbeiter, begeistert für Aufgaben und entwickelt eine vertrauensgeprägte Zusammenarbeit mit den Mitarbeitern | Die Nutzung und Weiterentwicklung des Wissensmanagements sind für die Mitarbeiter selbstverständlich |

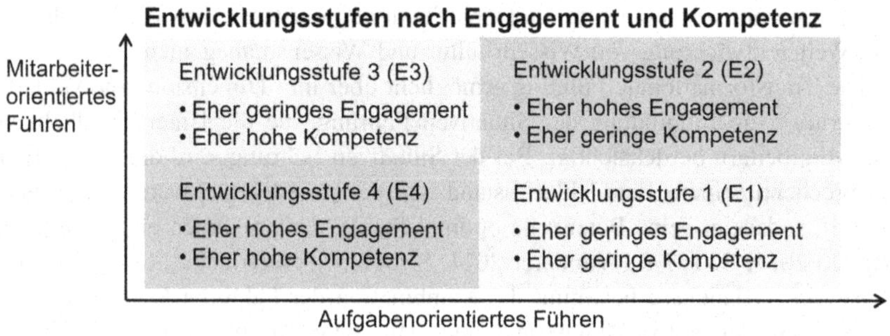

**Abb. 4.1** Entwicklungsstufen nach Engagement und Kompetenz (Hersey und Blanchard 1988). (Eigene Darstellung)

und exzellenten Arbeit auf der Entwicklungsstufe 4, bezogen auf seine nachlässige QM-Dokumentation zur Wissensbewahrung gehört er jedoch u. U. eher zur Entwicklungsstufe 1.

Je nach Entwicklungsstand eines Mitarbeiters wird ein eher aufgabenbezogenes oder ein eher mitarbeiterbezogenes Führungsverhalten ausgeübt.

- Das **aufgabenorientierte Führen** ist direktiv und umfasst die Vorgabe von Zielen, Planungen und Entscheidungen. Das Verhalten gegenüber dem Mitarbeiter ist durchsetzend und kontrollierend. Dem Mitarbeiter wird erklärt, was er wann, wo und wie zu tun hat.
- **Mitarbeiterorientiertes Führungsverhalten** ist unterstützend und beziehungsorientiert. Mitarbeiter werden ermutigt, beraten und es wird Rücksicht auf die Bedürfnisse der Mitarbeiter genommen.

Nach Hersey und Blanchard (1988, S. 152) lassen sich folgende Führungsempfehlungen aus dem Engagement und der Kompetenz des Mitarbeiters ableiten (Polzin und Weigl 2021, S. 60):

- Mitarbeiter der Entwicklungsstufe E1 werden aufgabenbezogen/direktiv geführt. Es wird genau definiert, was getan werden muss und die Arbeitsausführung sowie die Ergebnisse werden kontrolliert.
- Mitarbeiter der Entwicklungsstufe E2 erhalten von der Führungskraft präzise Anweisungen. Die Arbeitsausführung sowie die Ergebnisse werden kontrolliert. Der Mitarbeiter wird aufgefordert, Vorschläge zu machen.
- Bei Mitarbeitern der Entwicklungsstufe E3 fördert die Führungskraft das Engagement des Mitarbeiters durch die Beteiligung an Entscheidungen oder z. B. durch die Übertragung anspruchsvollerer Aufgaben.
- Mitarbeiter der Entwicklungsstufe E4 werden delegativ geführt. Den Mitarbeitern werden Aufgaben und die Verantwortung für die damit verbundenen Entscheidungen übertragen.

Ein relevanter Aspekt der situativen Führung ist, dass das Prinzip der Berechenbarkeit eingehalten wird und das Führungsverhalten verständlich bleibt, d. h. die Mitarbeiter kennen die Führungsregeln und können sie einordnen. Eine solche Transparenz fördert die Loyalität und das Commitment der Mitarbeiter zum Arbeitgeber und/oder Projekt.

## 4.3 Wissensorientierte Führung im Bauwesen

Erfolgsrelevantes Wissen im Bauwesen besteht aus theoretischem Fachwissen und praxiserprobten Erfahrungswissen. Wissensarbeiter im Bauwesen „als Akteure eines wissensorientierten Unternehmens“ (North 2021, S. 122) verfügen über ein kombiniertes Fach- und Erfahrungswissens.

Der Jungbauleiter mit seinem Lehrbuchwissen ohne praktische Erfahrung muss sich noch zum Wissensarbeiter entwickeln. Der Technische Innendienstleiter sollte im Rahmen seiner Aufgabe als Wissensarbeiter sehr gute Kontakte und einen regen Wissensaustausch zu den ausführenden Experten auf den Baustellen pflegen, damit er deren Erfahrung bei zukünftigen Planungen berücksichtigen kann.

Bauingenieure, die eine Vielzahl von Projekten bearbeitet und geleitet haben, sind Wissensarbeiter mit einem umfangreichen Fach- und Erfahrungswissen. Dies trifft auch auf Poliere zu, die in ihrer langjährigen Berufstätigkeit eine Vielzahl von Kolonnen auf unterschiedlichsten Baustellen erfolgreich geleitet haben. Auch sind jene Mitarbeiter und Arbeiter Wissensarbeiter, die über ein erfolgsrelevantes Spezialwissen verfügen.

Eine Maxime wissensorientierter Führung lautet, wie auch im Lean Management, den Wissensarbeitern aller Hierarchiestufen mit Wertschätzung und Respekt zu begegnen und ihnen den Sinn ihres Handelns zu vermitteln.

Sauter und Scholz (2015, S. 30 f.) verdeutlichen anhand vieler Beispiele zu Barrieren des Wissensmanagements, dass ein erfolgreiches Wissensmanagement vom Faktor Mensch maßgeblich abhängig ist. Dabei ist die intrinsische Motivation der Mitarbeitenden eine wesentliche Voraussetzung für ein erfolgreiches Wissensmanagement. Da intrinsische Motivation nicht käuflich ist, sollte das Wissensmanagement um ein Motivationsmanagement ergänzt werden.

Im Bauwesen werden die Führungsinstrument Zielvereinbarung und Personalbeurteilung, denen grundsätzlich eine Motivationswirkung zugebilligt wird, bereits weitgehend eingesetzt. Eine monetäre Ausrichtung befriedigt die extrinsische Motivation, die Effekte der intrinsischen Motivationssteigerung sind nur sehr gering. In Anlehnung an Osterloh (Sauter und Schulz 2015, S. 31 f.) wirken auf die intrinsische Motivation „persönliche Beziehungen, Entscheidungspartizipation, Tätigkeitsinteresse, Leistungsgerechtigkeit, Fairness und motivationszentrierte Mitarbeitergespräche.“

Wissensorientierte Führungskräfte können zur Steigerung der intrinsischen Motivation z. B. regelmäßige Retrospektiven durchführen und moderieren, in denen Verfahrensweisen vorgestellt und besprochen werden sowie Erfahrungen ausgetauscht werden.

In der Bauausführung ist die Zusammenarbeit aller Beteiligten durch eine starke Hierarchie und einen anweisungsorientierten Führungsstil geprägt. Das wird von Mitarbeitern i. d. R. akzeptiert, wenn sie erkennen, dass die Führungskraft aufgrund ihres Fach- oder Erfahrungswissens legitimiert ist, Vorgehensweisen und Problemlösungen vorzugeben.

Im Tagesgeschäft fehlt oft die Zeit, Mitarbeitern zu erklären, wieso bestimmte Aufgaben, Prozessabläufe oder Qualitätsvorgaben eingehalten werden müssen. Von daher sollte für ein gelebtes Wissensmanagement die „(Ver-)Teilung des Wissens" im Rahmen einer fachlichen Einweisung zu Beginn eines Einsatzes anhand von Erfahrungen aus anderen Projekten (Realitätsbezug!) eingeplant werden.

**Beispiel**

Ein neuer Mitarbeiter soll die Arbeit vor dem Bohrgerät übernehmen. Für die Arbeitseinweisung erläutert der Polier oder Gerätefahrer was, wie und wieso vor dem Bohrgerät zu tun ist und weist auf Unfallrisiken hin. Im Rahmen der praktischen Einarbeitung überwacht und korrigiert der Polier oder ein erfahrener Kollege die ersten Arbeitsausführungen und achtet auf Einhaltung der Sicherheitsvorgaben.◀

Der authentisch-respektvolle Umgang mit (Wissens-)Arbeitern aller Hierarchiestufen fördert das Commitment und Loyalität und darüber auch die Bereitschaft ein aktives Wissensmanagement zu unterstützen.

# 5 Wissensmanagement-Methoden und Tools

*Methoden und Tools des Wissensmanagements sind darauf ausgerichtet, die Existenz des vorhandenes Unternehmenswissen zu sichern, Transparenz über vorhandenes Wissen zu schaffen sowie die Generierung neuen Wissens zu fördern. Aus dem umfangreichen Pool von Wissensmanagement-Methoden und Tools werden jene vorgestellt, die für Unternehmen des Bauwesens besonders praktikabel sind.*

## 5.1 Wissenstransfer

Eine relevante Methode des Wissensmanagements ist der Wissenstransfer. Bei einem Wissenstransfer handelt es sich um die nachhaltige Weitergabe der Ressource Wissen von einem Wissensgeber an einen Wissensempfänger. Nachhaltigkeit bedeutet hierbei „die Fähigkeit des Empfängers, aus den einzelnen Informationsbestandsteilen das betreffende Wissen annähend so zu rekonstruieren, dass es von der Bedeutung weitgehend mit der übereinstimmt, die der ursprüngliche Wissensinhaber hatte." (Henschel 2001, S. 194). Der Wissensempfänger übernimmt und interpretiert die Informationen des Wissensgebers, ohne ihnen eine neue Bedeutung zu geben.

Ein Wissenstransfer ist ein strukturiertes, zeitlich begrenztes Projekt, das sich i. d. R. auf einen bestimmten Themenbereich bezieht. Mithilfe des Wissenstransfers soll Wissen artikulierbar, dokumentiert und ausgewählten oder auch allen Mitgliedern einer Organisation zur Verfügung gestellt werden (Schorta 2018, S. 83 ff.).

Wissenstransfers können z. B. in Zeiten des demografischen Wandels dazu beitragen, dass bei einer hohen Anzahl an Renteneintritten relevantes Wissen



B. Polzin et al., *Wissensmanagement im Bauwesen*, essentials,
https://doi.org/10.1007/978-3-658-37332-0_5

für das Unternehmen nicht verloren geht. Der demografisch bedingte Fachkräftemangel ist auch in der Baubranche spürbar (IAB et al. 2013, S. 30). Erfahrene Praktiker wie Ingenieure, Poliere sowie hochspezialisierte und erfahrene Arbeiter verlassen altersbedingt den Arbeitsmarkt und können von einer abnehmenden Anzahl jüngerer Beschäftigter nicht ersetzt werden Dabei bestehen die Risiken, dass Wissensträger ihr Fach- und Erfahrungswissen mit in die Rente nehmen.

Ein Wissensverlust kann Unternehmen einen erheblichen Schaden zufügen (Brandenburg und Domschke 2007, S. 175):

- Der Verlust von Kernkompetenzen führt zur Einschränkung bei der Auswahl geeigneter Angebotsprojekte
- Effizienzverluste entstehen durch ständige Einarbeitung neuer Mitarbeiter.
- Eine Gefährdung der Wettbewerbsfähigkeit entsteht durch mangelnde Kompetenz in der Ausarbeitung von Sondervorschlägen
- Eine fehlende Weiterentwicklung z. B. von Maschinen im eigenen Besitz führt zu einer Reduzierung der Innovationsfähigkeit mit Hinblick auf spezielle, vorteilsgewährende Optimierungen.

Ein Risiko des Wissensverlustes kann entstehen, wenn jüngere Ingenieure mit geringer Praxiserfahrung das Fach- und Erfahrungswissen älterer Experten und Praktiker wie Poliere oder Gerätefahrer nicht akzeptieren (Brandenburg und Domschke 2007, S. 177).

Der Wissenstransfer Abb. 5.1 erfolgt in folgenden Phasen:

**Wissenstransfer Phase 1: Initiierung**

Die Phase der Initiierung ist geprägt von der Bereitschaft, Wissen zu transferieren. In dieser Phase werden grundlegende Wissensziele definiert und somit den Akteuren des Transferprozess eine Handlungsrichtung vorgegeben. Dazu kann gehören, je nach Aufgabenbereich:

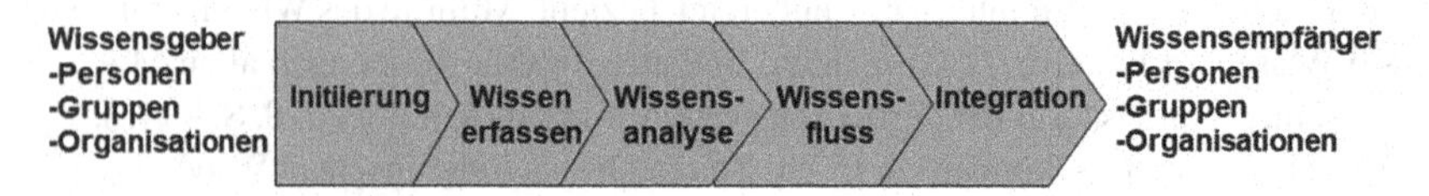


**Abb. 5.1** Phasenmodell des Wissenstransfers

- Wissen, das erforderlich ist, um die Organisationskultur des Unternehmens oder des Bereichs bzw. der Abteilung/Sparte zu verstehen. Welche Werte und Verhaltensweisen sind relevant z. B. bezogen auf die Sicherheitskultur? Ist das Tragen der persönlichen Schutzausrüstung (PSA) und die Erstellung von Gefährdungsbeurteilungen zu den Arbeitsschritten eine Selbstverständlichkeit?
- Fachwissen: Prozesse, Abläufe, Gremien, Erfahrungswissen mit internen und externen Stakeholdern, z. B. Projektabschlussgespräche einschließlich Lessons learned mit Hinweisen (Daten) an die Angebotsbearbeitung zu realistischeren Annahmen.
- Wissen, das erforderlich ist, um eine bestimmte Funktion auszufüllen und die damit verbundenen Aufgaben zu erledigen, wie z. B.
  - Fachwissen, z. B. Überwachungserfordernisse beim Betonieren (Eigen-/ Fremd-/ Güteüberwachung)
  - Unternehmerisches Denken und Handeln
    Umgang mit Informationen
    Entscheidungsfähigkeit
    Wirtschaftliches Handeln
  - Wissen über Prozesse und Dienstleistungen
    Kooperationen
    Flexibilität und Offenheit
  - Kenntnisse über und Umgang mit Kunden/Lieferanten/Marktsituation
  - Wissen über Mitarbeiterinnen und Mitarbeiter/sonstige Stakeholder
    Kommunikationsfähigkeit
    Führungskompetenz
    Teamfähigkeit
    Förderung von Lernprozessen
  - Netzwerke
    organisationsintern
    organisationsextern.

Nachdem die Wissensziele und -bereiche für den Wissenstransfer geklärt sind, beginnt die Phase der Wissenserfassung.

**Wissenstransfer Phase 2: Wissen erfassen**
Für die Schaffung der Wissensbasis werden im ersten Schritt Wissensfelder identifiziert und erfasst. Dazu werden für jedes Wissensfeld Wissenslandkarten (Schorta 2018, S. 85) z. B. in Form von Mind-Maps erstellt (Abb. 5.2).

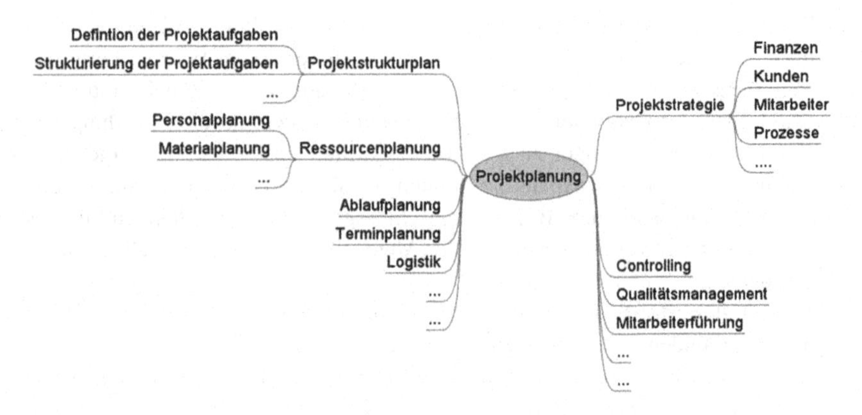


**Abb. 5.2** Beispiel Mind-Map Projektplanung

- Die „Kultur-Landkarte“ umfasst Werte und daraus abgeleitete Normen, die in der Abteilung gelebt werden.
- Die „Projekt-History-Landkarte“ beschreibt prägende Erfahrungen der Abteilung, z. B. bei der Abwicklung von Projekten. Was hat sich bewährt, was sollte vermieden werden?
- Die „Prozesslandkarte“ dient zur Auflistung von Abläufen und Prozessen innerhalb eines Unternehmens bzw. eines Teams, einer Abteilung oder Baustelle.
- Das „Soziale-Netzwerk-Diagramm“ verdeutlicht den Informationsfluss und die Zusammenarbeit innerhalb einer Organisation bzw. Organisationseinheit.

Für ausgewählte Projekte, die sich in den Bereichen Unternehmensorganisation, Angebotsbearbeitung und Ausführung von Baustellen wiederfinden können, wird jeweils eine Mind-Map erstellt. Da mit Mind-Mapping eine systematische als auch assoziative Wissenssammlung möglich ist, gelingt es nicht nur, explizites Wissen, sondern auch implizites Wissen in Form von Fachbegriffen stichwortartig zu dokumentieren.

Mind-Maps sind gut geeignet für die Wissenssammlung (Buzan 1997, 2013). Da die Assoziationen zu einem Schlüsselwort bei verschiedenen Personen unterschiedlich sein können, sind Mind-Maps jedoch weniger gut geeignet für eine Wissensdokumentation für Dritte.

**Wissenstransfer Phase 3: Wissensanalyse**

Die Phase der Wissensanalyse umfasst die Hinterfragung und Bewertung des erfassten Wissens.

Die erstellten Mind-Maps mit ihren jeweiligen Fachbegriffen werden in eine Tabelle übertragen. Somit werden die Fachbegriffe in Listenform gebracht, was ihre weitere Bearbeitung vereinfacht. In Arbeitsbesprechungen mit Fachkollegen wird überprüft, welches Fachwort mit dem entsprechenden Wissen welche Relevanz hat für die zukünftige Arbeit und Entwicklung des Unternehmens bzw. der Abteilung oder des Projekts.

Eine Priorisierung der Fachbegriffe und des damit verbundenen Wissens erfolgt durch eine ABC-Analyse. Dabei handelt es sich um ein Verfahren, dass Aufgaben, Aktivitäten u. Ä. in folgende drei Klassen aufteilt:

- Klasse A = Wissen ist sehr wichtig und sehr dringlich
- Klasse B = Wissen ist wichtig und dringlich
- Klasse C = Wissen ist weniger wichtig und weniger dringlich.

Die ABC-Analyse kann um eine Klasse D ergänzt werden, mittels der Fachbegriffe mit nicht-erfolgskritischem oder veraltetem Wissen aus der Wissensbasis ausgelagert werden.

Das dokumentierte aktualisierte Wissen wird in die organisationale Wissensbasis integriert und bildet die Grundlage für den Wissensfluss.

**Wissenstransfer Phase 4: Wissensfluss**

In der Phase des Wissensflusses vermittelt der Wissensgeber sein implizites und explizites Wissen an den Wissensempfänger mittels Interaktion und Kommunikation.

Die Durchführung eines organisierten Wissensflusses erfolgt mithilfe eines Transferplans mit den Zielen,

- für eine fristgerechten Wissensweitergabe zu sorgen
- die Wissensübergabe in den laufenden Arbeitsalltag zu integrieren.

Mittels der Transferplanung soll sichergestellt werden, dass die Wissensweitergabe unter möglichst geringen Zeitdruck und das Tagesgeschäft begleitend durchgeführt werden kann. Je nach Art des Wissens und der Anzahl der jeweiligen Wissensempfänger kann die Wissensweitergabe z. B.

- bei explizitem Wissen erfolgen in Form von Übergabegesprächen, Workshops, Arbeitsanweisungen, Prozessbeschreibungen oder
- bei implizitem Wissen z. B. mit der Methode Storytelling (Ackermann 2018, S. 127).

In der Phase der Wissensweitergabe sollten, sofern möglich, die jeweils relevanten Aufgaben als Prozesse beschrieben und dokumentiert werden, z. B. in Form von Ablaufdiagrammen. Ergänzend zur Dokumentation des Prozesswissens, ermöglicht dieses Vorgehen, bei Bedarf Abläufe zu optimieren und Schnittstellenprobleme zu lösen.

**Wissenstransfer Phase 5: Integration**
In der Integrationsphase nimmt der Wissensempfänger das transferierte Wissen auf, ordnet es aufgrund seiner Erfahrungen ein und integriert es durch aktive Nutzung in seine individuelle Wissensbasis. Abschließend sollte das Transferwissen in der organisationalen Wissensbasis dokumentiert und berechtigten Nutzern zugänglich sein. Der Wissenstransfer ist in Abb. 5.3 dargestellt.

## 5.2 Communities of Practice

Communities of Praxis werden auch als „Wissensgemeinschaften“ (North 2021, S. 150) bezeichnet. Nach Lehner (2014, S. 229) ist eine Community of Practice (CoP) „eine informelle Gruppe von Personen, die sich freiwillig aufgrund eines gemeinsamen Interesses oder zur Erreichung eines gemeinschaftlichen Ziels zusammengeschlossen haben.“ Ziel und Zweck des Zusammenschlusses ist die Generierung und der Austausch von Wissen sowie die gegenseitige Unterstützung bei der Lösung von Problemen.

Das Zunftwesen der Handwerker im Mittelalter gilt als „Vorbild“ für Communities of Practice, da wie in den Zünften, Wissen in einem gemeinsamen Fachgebiet in unmittelbarer Kommunikation ausgetauscht wird (Lehner 2014, S. 229).

In der heutigen Praxis schließen sich Personen eines Unternehmens zusammen, die ein gemeinsames Interesse und Ziel an einem Wissensgebiet verfolgen. Typisch für CoP sind die Freiwilligkeit der Teilnahme sowie das informelle Lernen von und mit Kollegen. Sie bieten Freiräume für Erfahrungsaustausch und die Entwicklung neuer Ideen.

Ein positiver Wisseneffekt von CoP ist die Weiterentwicklung der organisationalen und individuellen Wissensbasis: In CoP werden Ideen und Wissen entwickelt, ausgetauscht und gespeichert, wodurch sich die organisationale Wissensbasis als auch die individuelle Wissensbasis ihrer Mitglieder erweitert (Lehner 2014, S. 231). Zudem ermöglichen CoP raschere Problemlösungen, da transparent ist, welche Mitglieder Experten für gesuchte Lösungsmöglichkeiten sind und das Wissen verschiedener Experten verknüpft werden kann.

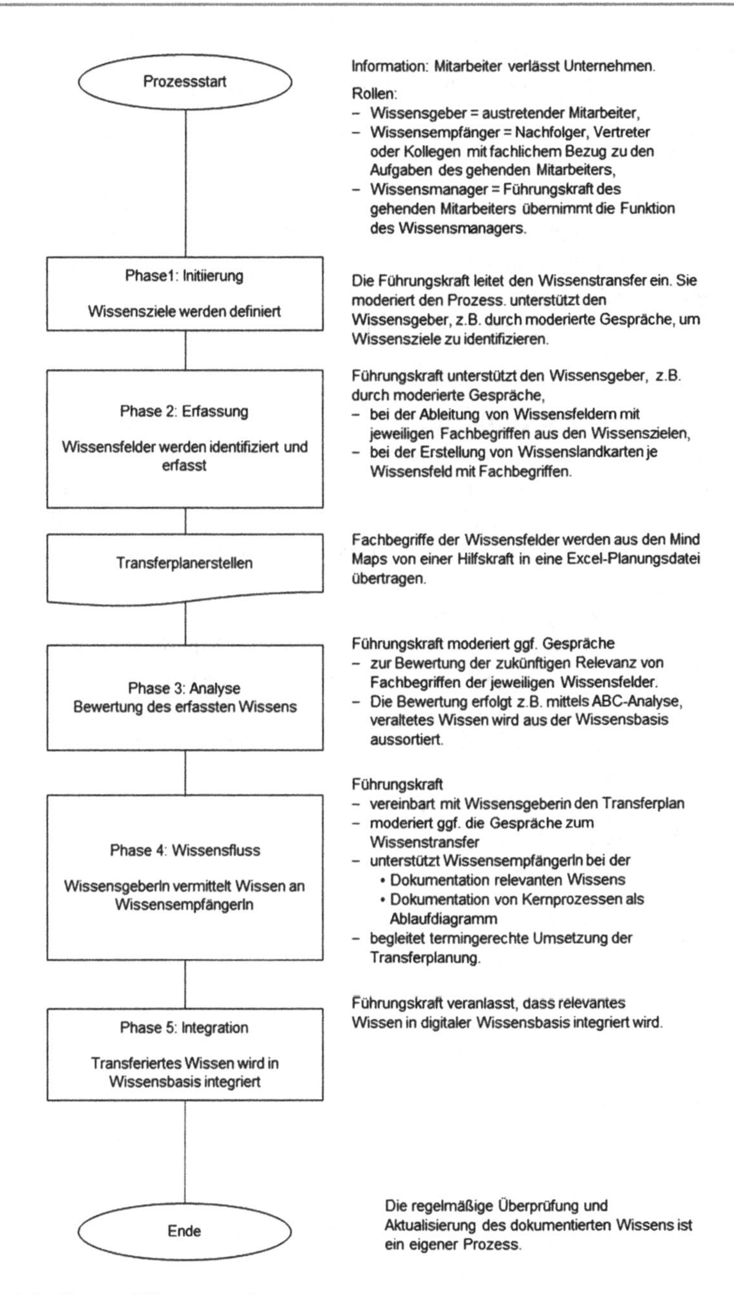


**Abb. 5.3** Prozess Wissenstransfer

Das Management kann die Arbeit von CoP unterstützen, indem sie den Mitarbeitenden zeitliche Freiräume für die Mitarbeit in einer CoP zugestehen.

**Beispiel**

Communities of Practice bieten sich im Bauwesen an, z. B. mit regelmäßigen Treffen der Arbeitsvorbereiter und/oder Kalkulatoren der gesamten Firma einmal im Quartal, unabhängig von Ihrem Spezialgebiet. Der Austausch von „Tipps und Tricks" erleichtert allen die Arbeit, sei es bzgl. des Fachwissens, sei es im Umgang mit der (hoffentlich) firmenintern einheitlichen Software.◀

## 5.3 Expertendatenbank

Die Fachwissensmatrix ist eine Methode, die es Unternehmen ermöglicht, das Fachwissen ihrer Mitarbeitenden zu visualisieren und auch für kleinere und mittlere (Bau)-Unternehmen geeignet ist (North 2021, S. 143).

**Grundprinzip der Expertendatenbank**

In einer Tabelle werden in der Kopfzeile die Namen der Mitarbeitenden aufgeführt und in der Spaltenzeile die typischen aufgabenbedingten Kompetenzen des Teams, der Abteilung oder eines kleineren Betriebes (Tab 5.1). Die Bewertung der Kompetenz pro Aufgabe erfolgt durch die Mitarbeitenden selbst nach den Kategorien:

+++ = Hohe Kompetenz (Topnote)
++ = Mittlere Kompetenz
+ = Grundkenntnisse

**Beispiel**

Fachwissensmatrix

| Kompetenz | Tom | Franz | Lena |
|---|---|---|---|
| Großgeräte | X | | |
| Bohrverfahren | X | | |
| Terminplanung | | X | X |
| Kalkulation | | X | |
| Wissensmanagement | | | X |

◀

Die vertikale Perspektive zeigt das Kompetenzprofil eines einzelnen Mitarbeitenden. Horizontal ist erkennbar, inwieweit die jeweilige Kompetenz in dem Team bzw. der Abteilung oder Unternehmen vertreten ist.

Aus den Ergebnissen lassen sich Mindeststandards ableiten, z. B. für jede Kompetenz sollten mindestens zwei Mitarbeitende über entsprechende Kompetenzen verfügen. Wissenslücken werden erkennbar, wenn für eine Kompetenz kein oder nur ein Ansprechpartner existiert.

North (2021, S. 144) weist darauf hin, dass eine Kompetenzmatrix auch um neue Kompetenzen erweitert werden kann, die zukünftig erforderlich sein werden.

## 5.4 Wissensmanagement-Software

Moderne Wissensmanagement-Software geht über die Funktion Wissensdatenbank hinaus, da sie den Aufbau, den Transfer und das Management von Wissen im Unternehmen fördern sollte (Lehner 2021, S. 404 ff.). Sie sollte folgende Funktionen erfüllen:

- Unterstützung der Unternehmenskommunikation
  Durch Blog-Funktionen können Informationen und Nachrichten schneller verbreitet werden.
- Kompetenz- und Wissensdatenbank
  Mitarbeitende können eigene Profile erstellen, ihre Aufgaben- und Kompetenzbereiche beschreiben und Kontaktdaten hinterlegen.
- Förderung von Arbeitsgruppen und Teams
  In Unternehmen mit einer starken Ausrichtung auf Zusammenarbeit und Teamwork ist die Funktion von Teamräumen vorteilhaft. Wird z. B. im Rahme einer Angebotsbearbeitung ein fachübergreifendes Team gebildet, dann kann für das Team eine eigene Plattform eingerichtet werden.
- Wissensdatenbank
  In der Datenbank gespeichertes Unternehmenswissen kann über smarte Suchfunktionen, ähnlich wie in den üblichen Internetsuchportalen, gesucht und abgerufen werden.
- Ideen- und Innovationsmanagement
  Wissensmanagement in Unternehmen hat Schnittstellen zur kontinuierlichen Verbesserung, zum Ideenmanagement und Innovationsmanagement. Eine moderne Wissensmanagement-Software sollte die Möglichkeit bieten, Ideen und Verbesserungsvorschläge einzugeben.

Nicht zuletzt sollte eine möglichst hohe Kompatibilität zu der bereits vorhandenen Softwarelandschaft im Unternehmen angestrebt werden, um den Datenaustausch automatisch oder zumindest einfach zu gestalten.

Die Entscheidung für eine Wissensmanagement-Software ist immer langfristig zu sehen, da ein Wechsel zwischen verschiedenen Produkten i. d. R. mit hohem Aufwand verbunden ist. Sinnvoll ist es, Mitarbeiter in die Entscheidung einzubeziehen, um eine möglichst hohe Akzeptanz zu erreichen. Denn nur damit funktioniert das Sammeln und die Entwicklung von gemeinsamem Wissen.

Angesichts des weiter zunehmenden Fachkräftemangels im Bauwesen und der zunehmenden Digitalisierung der Arbeitswelt bekommt für die Unternehmen der Baubranche eine verstärkte Wissensanpassung und -weiterentwicklung eine hohe Bedeutung. Daher ist es gerade auch für die Bauunternehmen ein wesentlicher Faktor für zukünftigen Erfolg, Strategien sowie Maßnahmen zu implementieren, die ihre Wissensbestände aktualisieren und weiterentwickeln, sodass ihre Innovations- und Wettbewerbsfähigkeit erhalten bleibt.

# Wissensmanagementimplementierung 6

*Die Einführung und Implementierung von Wissensmanagement initiieren einen Entwicklungsprozess, der Führungskräfte und Mitarbeitende, die Unternehmensorganisation und -kultur sowie die Technik betrifft. Dabei wird Art und Umfang des Wissensmanagements von den jeweiligen Wissenszielen und bestehenden Unternehmensstrukturen beeinflusst. Vorgestellt wird ein praktikables und anpassungsfähiges Konzept für die Implementierung von Wissensmanagement.*

## 6.1 Wissensmanagement-Implementierung als Veränderungsprozess

Die Einführung von Wissensmanagement initiiert einen Entwicklungs- und Veränderungsprozess mit den Dimensionen

- **Technik:** Bereitstellung wissensbasierter Technologien als Werkzeuge des Wissensmanagement
- **Organisation:** Optimierung bzw. Schaffung wissensorientierter Prozesse und Regelungen als Anwendungsfeld von Wissen
- **Menschen:** Wissensträger akzeptieren wissensbasierte Strukturen und Prozesse, absolvieren Trainings zur Nutzung wissensbasierter Technologien und fördern aktiv eine Weiterentwicklung der Wissenskultur.

Mit der Implementierung von Wissensmanagement werden. Arbeitsroutinen verändert und neue technische Wissenssysteme installiert. Die Beschäftigten durchlaufen einen Lernprozess, in dem sie durch Führungskräfte, Trainer oder Coaches



B. Polzin et al., *Wissensmanagement im Bauwesen*, essentials,
https://doi.org/10.1007/978-3-658-37332-0_6

begleitet und unterstützt werden. Da es sich bei der Wissensmanagement-Implementierung um ein Veränderungsprojekt handelt, werden Methoden des Change Managements in diesem Prozess berücksichtigt und integriert (Mescheder und Sallach 2012, S. 39 ff.).

▶ **Definition** „Change Management umfasst eine **organisatorische Komponente** zur Umsetzung struktureller, prozessualer sowie technischer Veränderungen **plus** eine **mitarbeiterorientierte, sozialpsychologische Komponente,** die dazu dient, Change-Beteiligte bei ihren persönlichen Transformationen zu unterstützen, in ihrer Entwicklung von ihren gegenwärtigen Einstellungen/Verhaltensweisen hin zu ihren zukünftigen Einstellungen/Verhaltensweisen." (Polzin und Weigl 2021, S. 188).

In Unternehmen können **Wissensmanagement-Barrieren** das Wissensmanagement blockieren oder sogar verhindern. Die Barrieren finden sich in technischen, organisatorischen und menschlichen Dimensionen.

- Barrieren im technischen Bereich (Stalder 2020, S. 33) sind z. B.
  - Fehlende oder unzureichende IT-Infrastruktureine
  - Unzureichende technische Wissenssysteme
  - Unzureichende Integration der technischen Wissenssysteme in die vorhandene Infrastruktur
  - Mangelhafte Benutzerfreundlichkeit
- Barrieren im organisatorischen Bereich (Lehner 2021, S. 434) sind z. B.
  - Fehlende oder unzureichende Schulungen für den Umgang mit Wissensmanagement
  - Unzureichende Zeit für Wissensmanagement-Aktivitäten
  - Fehlende Strukturen und Prozesse für einen systematischen Wissensaustauschs
  - Konkurrierende Unternehmensabteilungen
  - Fehlende Anreizsysteme.
- Barrieren im menschlichen Bereich (Hopf 2009, S. 16 ff.) sind z. B.
  - Mangelnde Akzeptanz des Wissens aus niedrigeren Hierarchiestufen
  - Mangelnde Kommunikationsfähigkeit
  - „Wissen ist Macht"-Einstellung
  - Sinn und Nutzen des Wissensmanagements ist nicht erkannt
  - Angst vor Prestigeverlust
- Schwache Wissenskultur mit z. B. Misstrauensklima und fehlender Wissensteilungskultur.

Mit der organisatorischen Komponente des Change Managements können Barrieren in den Bereichen Technik und Organisation aufgelöst bzw. minimiert werden: Technische Probleme werden ermittelt und unter Berücksichtigung der Anforderungen der Nutzenden gelöst. Ebenso werden organisatorische Defizite analysiert und in Zusammenarbeit mit den Nutzenden Lösungen erarbeitet und umgesetzt, wie z. B. die Schaffung von wissensbasierten Prozessen und die Einräumung von Zeitfenstern für einen systematischen Wissensaustausch.

Für Barrieren im menschlichen Bereich gilt die sozialpsychologische Change-Komponente, die Beteiligte unterstützt bei der Entwicklung und Einübung wissensorientierter Verhaltensweisen, wie z. B. eine selbstverständliche Wissensteilung im Arbeitsalltag.

**Beispiel**

Ein Bauunternehmen leitet mit einer unternehmensweiten Einführung von Wissensmanagement einen Kulturwandel ein. Dem Top-Management ist klar, dass die traditionelle Unternehmenskultur, mit ihrem selbstverständlichen Verhalten der Führungskräfte untereinander sowie zu ihren Mitarbeitern, den gelebten Werten und die vorherrschende Moral weitgehend im Rahmen einer neuen Unternehmenskultur verändert werden soll, die auf Prinzipien eines erfolgreichen Wissensmanagements basiert. Die große Herausforderung dieser Veränderung ist u. a., dass verfestigte Einstellungen und Verhaltensweisen wie

- Intransparenz abgelöst wird von umfassender Informationsteilung
- Silo-Mentalität sich zugunsten einer bereichsübergreifenden Kommunikation auflöst
- ein befehls- und kontrollorientiertes Führungsverhalten sich zu einem teamorientierten Verhalten entwickelt.◄

Erfolgsrelevant bei der Wissensmanagement-Einführung ist die sozialpsychologische Change Management-Komponente, um Akzeptanz für wissensorientierte Neuerungen zu fördern. Denn oft scheitern Wissensmanagement-Projekte und -Maßnahmen an einem Nichtbeachten der psychologischen Barrieren.

## 6.2 Wissensmanagement-Strategien

Bei der Einführung von Wissensmanagement ist die Art der Wissensmanagement-Strategie entscheidend für die Wissensorganisation im Unternehmen. Dabei

**Abb. 6.1** Zentrale Wissensorganisation (eigene Darstellung)

hat die Unternehmensstruktur einen relevanten Einfluss auf die Art der Wissensmanagement-Strategie (Lehner 2021, S. 424 ff.); generell werden folgende Strategien unterschieden:

Die **Dokumentationsstrategie** fokussiert Informationstechnologien, mit denen das Wissen in schriftlicher Form den Mitarbeitern zugänglich ist. Sie findet sich bevorzugt in Unternehmen, die standardisierte Leistungen für eine Vielzahl von Kunden anbieten. Bei dieser **zentralen Wissensmanagement-Strategie und Wissensorganisation** wird das Wissen top-down verteilt (Abb. 6.1).

Bei der **Personalisierungsstrategie** wird das Wissen persönlich weitergegeben und die Informationstechnologie dient dem Wissensaustausch, jedoch nicht der Wissensspeicherung. Sie findet sich bevorzugt in Unternehmen, bei denen es um die Entwicklung kundenindividueller Lösungen gehen, die nicht kodifiziert und nicht auf andere Kunden oder Projekte übertragen werden können. Bei der **dezentralen Wissensmanagement-Strategie und Wissensorganisation** wird das personengebundene Wissen über Netzwerke geteilt (Abb. 6.2).

Jedes Bauwerk ist an sich ein Unikat, wie z. B. die Hamburger Elbphilharmonie. Doch im Massengeschäft des Hochbaus werden zunehmend auch Standardisierungen eingeführt, um einerseits nach Best Practice zu bauen und andererseits Zeitaufwand und Kosten zu optimieren. Solche standardisierten Verfahren sind im Rahmen des Qualitätsmanagements dokumentiert und können von den Mitarbeitenden abgerufen werden. Auch im Tiefbau existieren standardisierte Verfahren, die in Form von Method Statements oder Arbeitsanweisungen dokumentiert sind und den Kollegen zur Verfügung stehen.

Doch angesichts der von Bauprojekt zu Bauprojekt unterschiedlichen Verhältnisse gewinnt das Erfahrungswissen der bauausführenden Experten erheblich an Relevanz. Angesichts der Komplexität des Erfahrungswissens wird das personengebundene Wissen oft über Netzwerke und persönlichen Kontakte geteilt.

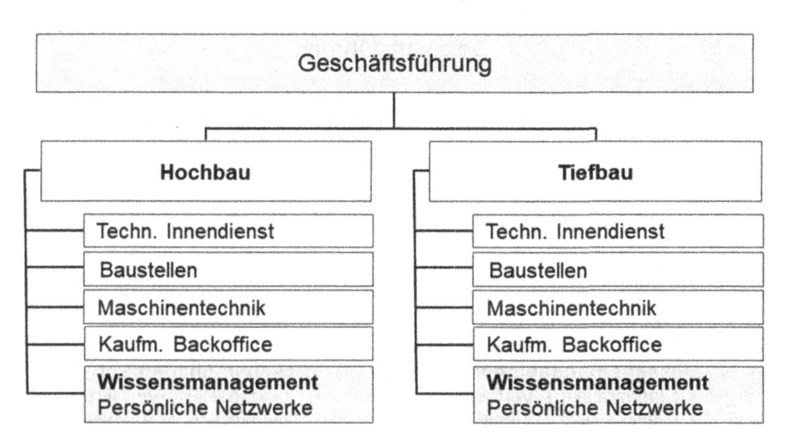


**Abb. 6.2** Dezentrale Wissensorganisation, nach (Bullinger, Fraunhofer/IAO). (Eigene Darstellung)

Von daher empfiehlt sich für das Bauwesen eine Wissensorganisation, in der Elemente der zentralen und dezentralen Wissensmanagementstrategie kombiniert sind (Abb. 6.3):

- Aus der zentralen Wissensorganisation wird der Prozess bezogen auf Informationen, wie standardisierte und qualitätsgesicherte Verfahrensweisen übernommen. Diese werden über das Qualitätsmanagement den Mitarbeitern top-down zum Abruf zur Verfügung gestellt.
- Der Anteil der dezentralen Wissensorganisation besteht in dem Expertenwissen, das in Netzwerken wie Communities of Practice regelmäßig ausgetauscht wird, z. B. zu Beginn eines jeden Quartals findet ein Erfahrungsaustausch zwischen den Experten statt.

**Einführung Wissensmanagement**

Das nachfolgende Einführungskonzept orientiert sich an dem europäischen Standard zur Einführung von Wissensmanagement in KMU (kleinen und mittleren Unternehmen), initiiert durch das Europäische Komitee für Normung. Diese Vorgehensweise ist auch für die regionalen Geschäftsstellen großer Baukonzerne geeignet, da sie i. d. R. der Größenordnung von KMUs entsprechen.

Die Einführung des Wissensmanagements weist folgende Phasen auf:

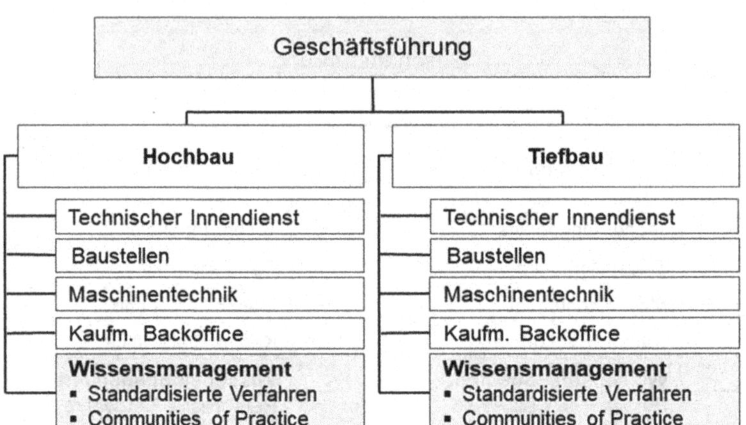


**Abb. 6.3** Kombinierte Wissensorganisation im Bauwesen. (Eigene Darstellung)

1. Initiierung
2. Analyse
3. Entwicklung
4. Implementierung
5. Evaluierung/Nachhaltigkeit.

**Phase 1: Initiierung**
Mit der Entscheidung ein Wissensmanagement einzuführen, werden klare Ziele definiert, einerseits bezogen auf die Einführung von Wissensmanagement, wie z. B. die Weiterentwicklung der Wissenskultur und andererseits bezogen auf Wissensziele, die dazu beitragen, konkrete Probleme zu lösen.

Dabei ist der Fokus auf die Wertschöpfungsprozesse des Unternehmens ausgerichtet, um das wesentliche Ziel des Wissensmanagements, die Steigerung der Wertschöpfung, nicht aus den Augen zu verlieren. Wertschöpfungsprozesse finden sich gebündelt im Kerngeschäft eines Unternehmens. Im Bauwesen zählen zum Kerngeschäft die Strategieentwicklung, Baustellen, die Angebotslegung sowie Kontakte zu relevanten Stakeholdern wie Partner, Kunden und Lieferanten.

Innerhalb des Initiierungsprozesses wird ein Projektteam gebildet, mit fachlichen Experten sowie den zugeordneten Entscheidungsträgern. Dazu zählen z. B.

der Betriebsrat und Vertreter des Managements. Damit ist gewährleistet, dass weitergehende Änderungen auch umgesetzt werden können.

Ausgehend von den Wissenszielen und der Bewertung des Ist-Zustandes wird festgelegt, ob sich die Wissensmanagement-Einführung auf ausgewählte Bereiche wie Abteilungen, Arbeitsgruppen, Projekte oder auf das gesamte Unternehmen bezieht. Erfahrungsgemäß hat sich die Auswahl eines Pilotbereichs, in dem der Nutzen und Gewinn durch Wissensmanagement deutlich erkennbar ist, bei der Einführung bewährt. Ein solcher Bereich ist z. B. ein spezielles Aufgabengebiet oder ein klar abgegrenzter Geschäftsprozess. Zudem wird ein Wissensmanagement-Vorhaben gewählt, das einen Quick-Win erreicht, um den Nutzen und die Wirksamkeit von Wissensmanagement prägnant zu demonstrieren.

**Phase 2: Analyse**

Der aktuelle Status des Wissensmanagements im Unternehmen wird überprüft. Dazu wird ermittelt, wie bislang mit dem vorhandenen Wissen umgegangen wird, z. B.

- Welches Wissen wird in welchen Arbeitsstritten aktuell angewendet und welches Wissen wird zukünftig benötigt?
- Wo und nach welcher Systematik wird Wissen abgelegt?

Im Rahmen von Interviews und Workshops werden Stärken und Schwächen im Umgang mit Wissen deutlich. Bewährte wissensbasierte Methoden und Prozesse werden auf ihre Zukunftsrelevanz hinterfragt und oft werden in diesem Kontext erste Verbesserungsvorschläge für das Wissensmanagement entwickelt. Eine aktive Einbindung der Mitarbeitenden sowie eine transparente Kommunikation der Analyseergebnisse sollten für ein „Projektmarketing" genutzt werden.

**Phase 3: Entwicklung**

Ergebnisse der Analyse-Phase sind identifizierte Handlungsfelder, in denen Handlungsbedarf bezogen auf die Optimierung von Wissensmanagement besteht.

Für einen Quick-Win wird ein Wissensmanagement-Vorhaben ausgewählt, bei dem die Einführung von Wissensmanagement rasch einen deutlichen Nutzen zeigt. Es wird untersucht, mit welchen Methoden und Werkzeugen angestrebte Wissensmanagement-Ziele erreicht werden können. Für die Ziele werden möglichst konkrete Messkriterien hinterlegt, um die Wirksamkeit der Wissensmanagement-Maßnahmen evaluieren zu können. Eine wirtschaftliche Bewertung der Wissensmanagement-Maßnahme kann über eine Kosten-Nutzen-Analyse erfolgen.

In Abhängigkeit des Handlungsfeldes ist ein breites Spektrum von wissensbasierten Maßnahmen möglich. Diese reichen von eher technisch-orientierten Lösungen (Datenbanken, Wikis etc.) bis hin zu eher personellen Aspekten, die sich auf kommunikative und zwischenmenschliche Ebenen beziehen.

Die kombinierte Wissensorganisation im Bauwesen unterstützt einen ausgewogenen Methodeneinsatz von wissensbasierter Technik und mitarbeiterorientierten Aspekten, wie die Optimierung von Kommunikations- und Schnittstellenprozessen auf technischer und personeller Ebene. Ergebnis dieser Phase ist das Design einer Wissensmanagement-Lösung mit geeigneten wissensbasierten Methoden und Tools.

**Phase 4: Implementierung**

Die ausgewählten Wissensmanagement-Lösungen werden implementiert. Dazu werden in Abhängigkeit der jeweiligen Wissensmanagement-Lösung interne Unternehmensabläufe angepasst. In diesem Zusammenhang sind Prozessbeschreibungen anzupassen und Vorlagen zu aktualisieren. Wenn neue IT-Systeme installiert werden, sollten erforderliche Schulungen und Trainings durchgeführt werden, sodass die Nutzenden sie auch bedienen und nutzen können. Mit eingeplanten Quick-Wins werden erste Erfolge sichtbar gemacht und es wird signalisiert, dass mit Wissensmanagement-Maßnahmen Probleme gelöst werden können.

**Phase 5: Evaluierung und Nachhaltigkeit**

Nach der Implementierung wird durch eine zeitnahe Evaluierung der Erfolg der Wissensmanagement-Maßnahmen überprüft, um ggf. bei Fehlentwicklungen frühzeitig gegensteuern zu können. Eine bewährte Methode ist das „Projekt-Debriefing", womit der Erfolg eines Projekts im Nachhinein von den Projektbeteiligten bewertet wird, um daraus für die Zukunft zu lernen.

**Beispiel**

Für den Geschäftsprozess Angebotsbearbeitung soll ein Wissensmanagement implementiert werden, um die Wettbewerbsfähigkeit und des Unternehmens zu steigern.

Strategisch wird als Wissensziel definiert, Wiederholungs- und Lerneffekte in zukünftigen Angeboten besser abzubilden.

Unter anderem kann die Mängelquote und die dafür vorgesehenen Sanierungskosten besser eingeschätzt und entsprechend reduziert werden. Somit soll ein niedrigerer Preis ermöglicht und die Chancen zur Erlangung von Aufträgen gesteigert werden. Die bisherige Angebotsbearbeitung erscheint recht theoretisch und kennt die realen (Optimierungs-)Prozesse im Bauablauf zu wenig. An dieser Stelle gibt es im Unternehmen eine Wissenslücke. Als messbares Kriterium für den Erfolg der Umsetzung soll die Anzahl gewonnener Angebotsverfahren herangezogen werden.

Erster Schritt ist die Stärkung eines „1-Team-Gedankens", d. h. eine vertiefte Zusammenarbeit von Innendienst und Bauleitung, die zu einer gesamthaften Betrachtung des Projekts mit möglichst hohem Realitätsbezug führt. Das erforderliche Wissen basiert auf Erkenntnissen aus Nachkalkulation im Rahmen der Auswertung der Projektergebnisse, der Erstellung detaillierter und interner, möglichst wahrheitsgetreuer Projektberichte. Die Erfahrung der Arbeitsvorbereitung mit Termin- und Taktplanungsverfahren ist ein weiterer wichtiger Baustein der Wissensbasis. Organisatorisch unterstützt wird die Einführung des Wissensmanagements durch die frühe Einbeziehung des operativen Personals von der Auswahl der Angebotsprojekte über die Erstellung des Angebots bis hin zur Übergabe an die Ausführung im Auftragsfall.

Auf der persönlichen Ebene der Mitarbeiter können Techniken wie Präsentation in der Gruppe, Konfliktmanagement oder auch Lean-Methoden durch Weiterbildungsmaßnahmen geschult werden, um die Einführung des Wissensmanagements zu untermauern. Auf der Technologieseite sind neben den üblichen Hilfsmitteln wie Kalkulations- und Terminplanungssoftware insbesondere die Medien hilfreich, die die Zusammenarbeit im Team unterstützen, beginnend mit der Auswahl der Teammitglieder unter Heranziehen von Kompetenzmatrizen bis hin zur Ergebnisdarstellung und -diskussion am digitalen Whiteboard.

Die Evaluierung erfolgt über das o. g. Kriterium gewonnener Aufträge unter Berücksichtigung ihrer Profitabilität. Zeigt sich hier eine positive Entwicklung über einen vorher definierten Zeitraum von etwa zwei Jahren (in Abhängigkeit von der Projektgröße) ist auch die Nachhaltigkeit gegeben.◄

# Was Sie aus diesem *essential* mitnehmen können

- Grundlegende Kenntnisse bezogen auf Wissen und Wissensmanagement
- Die Erkenntnis, dass Wissenskultur ein maßgeblicher Erfolgsfaktor ist
- Ein praktikables Konzept für die Implementierung von Wissensmanagement.
- Erfahrungswissen von Praktikern aus dem Bauwesen bezogen auf Wissensmanagement



B. Polzin et al., *Wissensmanagement im Bauwesen,* essentials,
https://doi.org/10.1007/978-3-658-37332-0

# Literatur


Ackermann B (2018) Für Wissensträger: So können Sie Erfahrungswissen erfolgreich weitergeben. In: Ackermann B, Krancher O, North J, Schildknecht K, Schorta S (Hrsg) Erfolgreicher Wissenstransfer in agilen Organisationen. SpringerGabler, Wiesbaden, S 113–122

Apello J (2011) Management 3.0: Leading Agile developers, developing Agile leaders. Pearson Education, Inc., Boston/USA

Below C v (2001) Die Angst der Experten vor dem Machtverlust. In Report Wissensmanagement. In: Antoni C, Sommerlatte T (Hrsg) Wie deutsche Firmen ihr Wissen profitabel machen. Symposion, Düsseldorf, S 67–72

Bertagnolli F (2018) Lean Management: Einführung und Vertiefung in die japanische Management-Philosophie. SpringerGabler, Wiesbaden

Bohinc T (2003) Wissenskultur – Begriff und Bedeutung. In: Reimer U, Abdecker A, Staab S, Stumme, G (Hrsg) Wm 2003: Professionelles Wissensmanagement, Erfahrungen und Visionen. Köllen, Bonn, S 67–72

Brandenburg U, Domschke J-P (2007) Die Zukunft sieht alt aus, Herausforderungen des demografischen Wandels für das Personalmanagement. Gabler, Wiesbaden

Bullinger HJ, Wörner K, Prieto J (1997) Wissensmanagement heute: Daten, Fakten, Trends. Frauenhofer IAO, Stuttgart

Buzan T (2013) Das Mind-Map-Buch. mvg, München

Davenport T, Prusak L (1998) Working knowledge. How organisations manage what they know. Harvard Business Review Press, Boston

Deutsches Institut für Normung e. V. (2015a) (Hrsg) DIN EN ISO 9000:2015a-11. Beuth, Berlin

Deutsches Institut für Normung e. V. (2015b) (Hrsg) DIN EN ISO 9001:2015b-11. Beuth, Berlin

DIHK-Report Fachkräfte 2020 (2020) Fachkräftemangel bleibt Herausforderung. Deutscher Industrie- und Handelskammertag, Berlin

Gates B (2020) Begriff Wissensmanagement – Tweet, In: Bieber C (Hrsg) Wissensmanagment – Organisieren Sie das Schwarmwissen Ihrer Mitarbeiter. https://www.bieber-vermoegensberatung.de/blog/wissensmanagement. Zugegriffen: 23. Aug. 2021

Gretsch S (2015) Wissensmanagement im Arbeitskontext. Springer, Wiesbaden





B. Polzin et al., *Wissensmanagement im Bauwesen,* essentials,
https://doi.org/10.1007/978-3-658-37332-0

Henschel A (2001) Communities of Practice – Plattform für organisationales Lernen und den Wissenstransfer. Deutscher Universitäts-Verlag, Wiesbaden

Herbst D (2000) Erfolgsfaktor Wissensmanagement. Cornelsen Verlag Scriptor, Berlin

Herbst D, Landenberger H (2003) Visionen des Wissensmanagement. In: Schildhauser T, Braun, M, Schultze M (Hrsg) Corporate Knowledge. Durch eBusiness das Unternehmenswissen bewahren. Business Village, Göttingen, S 283–291

Hersey P, Blanchard K (1988) Management of organization behavior: Utilizing Human Resources. Prentice Hall, New York

Hopf S (2009) Fragebogen zur Identifikation von Wissensbarrieren in Organisationen (WiBa) (Dissertation). Humboldt-Universität, Berlin. https://edoc.hu-berlin.de/bitstream/handle/18452/16825/hopf.pdf?sequence=1. Zugegriffen: 19. Nov. 2021

IAB-Institut für Arbeitsmarkt- und Berufsforschung der Bundesagentur für Arbeit (Hrsg) (2013) Der Arbeitsmarkt im Bausektor. Nürnberg. http://doku.iab.de/grauepap/2013/Dritter_Baubericht_2012.pdf. Zugegriffen: 16. Aug. 2021

Jaworski J, Zurlino F. (2009) Innovationskultur: Von Leidensdruck zur Leidenschaft. Campus, Frankfurt a. M.

Jochum E (1999). Laterale Führung und Zusammenarbeit mit Kollegen. In: Rosenstiel L v et al (Hrsg) Führung von Mitarbeitern, Schäffer-Poeschel, Stuttgart, S 429–439

Kilian D, Krismer R, Loreck S, Sagmeister A (2012) Wissensmanagement: Werkzeuge für Praktiker. Linde, Wien

Kobi J-M, Wüthrich HA (1986) Unternehmenskultur verstehen, erfassen und gestalten. Mi-Verlag, Landsberg/Lech

Kröger S, Fiedler M (2018) Praxiserfahrung aus der Implementierung von Lean Construction. In: Fiedler M (Hrsg) Lean Construction – Das Managementhandbuch. Springer-Gabler, Wiesbaden, S 425–446

Lehner F (2014) Wissensmanagement – Grundlagen, Methoden und technische Unterstützung, 5. Aufl. Hanser, München

Lehner F (2021) Wissensmanagement – Grundlagen, Methoden und technische Unterstützung, 7. Aufl. Hanser, München

Liker J (2009) Der Toyota Weg: Erfolgsfaktor Qualitätsmanagement. FinanzBuch, München

Liker JK, Hoseus M (2016) Die Toyota Kultur: Das Herz und die Seele von „Der Toyota Weg“. FinanzBuch, München

Liker JK, Meier D (2007) Praxisbuch Der Toyota-Weg: für jedes Unternehmen. FinanzBuch, München

Mescheder B, Sallach Ch (2012) Wettbewerbsvorteile durch Wissen – Knowledge Management, CRM und Change Management verbinden. SpringerGabler, Wiesbaden

Nonaka I, Takeuchi H (2012) Die Organisation des Wissens.Wie japanische Unternehmen eine brachliegende Ressource nutzbar machen. Campus, Frankfurt a. M.

North K, Brandner A, Steininger T (2016) Wissensmanagement für Qualitätsmanager. SpringerGabler, Wiesbaden

North K (2021) Wissensorientierte Unternehmensführung. Wissensmanagement im digitalen Wandel. SpringerGabler, Wiesbaden

Ohno T (2013) Das Toyota-Produktionssystem. Campus, Frankfurt/Main

Orth R (2013) Fit für den Wettbewerb, Wissensmanagement erfolgreich einführen. Bundesministerium für Wirtschaft, Berlin

Pelz W (2016) Transformationale Führung – Forschungsstand und Umsetzung in der Praxis. In: Au C v (Hrsg) Wirksame und nachhaltige Führungsansätze. Springer Fachmedien, Wiesbaden, S 93–112

Polzin B, Weigl H (2021) Führung, Kommunikation und Teamentwicklung im Bauwesen. SpringerVieweg, Wiesbaden

Probst G, Raub S, Romhardt K (2012) Wissen managen: Wie Unternehmen ihre wertvollste Ressource optimal nutzen, 7. Aufl. SpringerGabler, Wiesbaden

Sackmann S (2017) Unternehmenskultur: Erkennen – Entwickeln – Verändern. SpringerGabler, Wiesbaden

Sauter W, Scholz C (2015) Kompetenzorientiertes Wissensmanagement. SpringerGabler, Wiesbaden

Schachner W (2015) Wissen der Organisation. In: Koubek A (Hrsg) Praxisbuch ISO 9001:2015 – Die neuen Anforderungen verstehen und umsetzen. Hanser, München, S 127–140

Schein E (1995) Unternehmenskultur. Campus, Frankfurt a. M.

Schildknecht K (2018) Lernen im Wissenstransfer. In: Ackermann B et al (Hrsg) Erfolgreicher Wissenstransfer in agilen Organisationen. SpringerGabler, Wiesbaden, S 53–78

Schorta S (2018) Was macht Wissenstransfer erfolgreich. In: Ackermann B et al (Hrsg) Erfolgreicher Wissenstransfer in agilen Organisationen. SpringerGabler, Wiesbaden, S 79–98

Stalder S (2020) Wie können Barrieren im organisationalen Wissenstransfer abgebaut werden? In: Churer Schriften zur Informationswissenschaft, Schrift 120, (Hrsg) Semar W. Verlag Fachhochschule Graubünden, Chur

Stotko EC (2009) Geleitwort zur 2. Aufl. In: Ohno T (Hrsg) Das Toyota-Produktionssystem. Campus, Frankfurt, S 9–14

Völker R, Sauer S, Simon M (2007) Wissensmanagement im Innovationsprozess. Physica, Heidelberg

Wunderer R (2011) Führung und Zusammenarbeit – Eine unternehmerische Führungslehre. Luchterhand, Köln

Printed in the United States
by Baker & Taylor Publisher Services